EAUX MINÉRALES

DE VALS

(ARDÈCHE)

ÉTUDES CLINIQUES

PAR

Le Docteur TOURRETTE,

Médecin consultant à Vals, Auteur du *Guide Pratique*, de
Quelques mots sur Vals et ses environs, Propriétaire
et Rédacteur en chef du Journal :

VALS ET SES EAUX.

Le sujet est grand :
L'œuvre petite :
L'auteur sincère.

PRIX : 2 FR.

AUBENAS

IMPRIMERIE DE LÉOPOLD ESCUDIER

1866

ÉTUDES

CLINIQUES

EAUX MINÉRALES
DE VALS
(ARDÈCHE)

ÉTUDES CLINIQUES

PAR

Le Docteur TOURRETTE,

Médecin consultant à Vals, Auteur du *Guide Pratique*, de
Quelques mots sur Vals et ses environs, Propriétaire
et Rédacteur en chef du Journal : *De l'avenir des
Eaux de Vals*, etc., etc.

Le sujet est grand :
L'œuvre petite :
L'auteur sincère.

PRIX : 2 FR.

AUBENAS
IMPRIMERIE DE LÉOPOLD ESCUDIER
1865

1866

Participant aux incessants et rapides progrès de l'esprit humain, la thérapeutique des eaux minérales, dépouillée désormais du merveilleux qu'on lui prêtait, s'est élevée à la hauteur d'une véritable science, et constitue de nos jours une des plus précieuses, comme une des plus importantes parties de l'art de guérir. C'est à mon avis le résultat nécessaire, non pas seulement de l'emploi plus efficace des modes balnéaires nouveaux et de leur application plus savante aux maladies, mais encore, mais surtout des nombreux et consciencieux travaux de quelques médecins praticiens, aussi savants que désintéressés, qui se sont particulièrement attachés à préciser avec une scrupuleuse exactitude les cas dans lesquels cette médication convient, et ceux qui la trouvent impuissante ou nuisible.

Malheureusement, ces travaux n'existent encore que pour un petit nombre de sources privilégiées et bien connues, et, comme le fait fort judicieusement observer M. Debout, le médecin le plus instruit, le praticien le plus habile et le plus éclairé, éprouve encore de l'hésitation et de l'incertitude quand, ayant reconnu l'utilité de changer profondément les conditions de traitement du malade confié à ses soins, quand, ayant décidé de lui faire prendre les eaux minérales, il s'agit pour lui de désigner l'établissement vers lequel il doit le diriger.

Si quelques rares médecins possèdent un peu plus d'habitude, je ne crains pas de dire qu'ils obéissent le plus ordinairement dans leur détermination aux enseignements que leur ont fournis des faits observés dans leur clientèle, plutôt qu'à des règles bien précises qu'il leur serait possible de formuler, et qu'on ne trouve dans aucun ouvrage élémentaire, pas même dans ceux de MM. Durand-Fardel, Pétrequin et Socquet, les plus complets de tous.

L'histoire des eaux minérales de Vals, considérées sous le rapport de leurs effets dans les maladies, est encore à faire, et l'on peut dire, sans crainte d'être démenti, que si leur renommée grandit chaque jour, elles ne le doivent qu'à la propagande que font sans bruit les nombreux malades qui leur ont dû des guérisons inespérées, et à la haute estime dont elles jouissent auprès de quelques médecins les plus distingués de nos villes du Midi.

Travailleur obscur, mais ouvrier de bonne volonté, je viens, à la sollicitation de plusieurs confrères auxquels je resterai éternellement reconnaissant d'une confiance que mon zèle justifie à peine, essayer de combler cette regrettable lacune.

La tâche que je m'impose est, je le reconnais, au-dessus de mes forces, et je ne l'aurais jamais entreprise sans la foi que j'ai à la vertu curative de nos eaux. Ma foi en leur puissance est vive, ferme, convaincue : c'est la foi des martyrs. Faut-il en convenir ? Sans cette foi qui fortifie le cœur, excite la pensée et double l'énergie de l'homme, j'aurais, dans bien des circonstances, laissé inachevée une œuvre qui peut avoir d'heureux résultats, si les médecins daignent me prêter leur concours.

Depuis bientôt quinze ans, j'ai semé quelques idées, je les ai jetées, à mesure qu'elles se trouvaient sous ma main, dans un champ fertile, mais inculte et inégal ; d'autres vont venir, habiles à aplanir, à niveler ; ils passeront et repasseront la herse et le niveau sur les sillons que j'ai si péniblement tracés, et, grâce à leurs travaux, les miens, tout infimes qu'ils sont, pourront encore être utiles.

Dans les divers opuscules que j'ai publiés sur les eaux minérales de Vals, j'ai constamment appelé l'attention des praticiens sur la parfaite analogie qui existe entre nos eaux et celles de Vichy au double point de vue de leur composition chimique et de leurs propriétés médicales. J'ai insisté sur cet heureux rapprochement dans l'espoir de voir un jour **Vals devenir le Vichy du midi de la France.**

Dans cette nouvelle communication j'apporte, avec une expérience plus étendue, des faits, aujourd'hui sanctionnés par la pratique, attestant des études sérieuses sur l'action de nos eaux, et ajoutant aux *faits déjà connus des observations cliniques nombreuses que je crois propres à amoindrir le nuage qui entoure cette médication quelque peu mystérieuse.*

Aujourd'hui, tous les médecins sont généralement d'accord et reconnaissent que la médecine est une science d'observation, et que l'observation lui a servi de base fondamentale, d'élément primitif, que seule l'observation constitue l'agent principal de son perfectionnement, qu'elle est la seule route que le médecin puisse suivre dans la pratique Aussi croyons-nous devoir consigner ici un nombre suffisant d'observations cliniques pour prouver jusqu'à l'évidence que la puissance curative de nos eaux s'exerce dans un grand nombre d'affections qui paraissaient vouées à une incurabilité radicale, et qu'elles sont un moyen de plus à ajouter à ceux dont l'expérience des siècles a doté la médecine.

Dr TOURRETTE.

ÉTUDES CLINIQUES.

Le champ des études médicales est si vaste qu'on est certain de trouver encore à glaner dans les lieux mêmes où les meilleurs auteurs ont déjà moissonné. Ceci est vrai, profondément vrai, quand il s'agit de l'étude des affections chroniques du tube digestif qui, au commencement de ce siècle, ont donné naissance à tant d'écrits, et sur la nature desquelles planent encore tant d'incertitudes.

Nous ne prendrons ni le parti de Broussais, ni celui de Barras, mais nous tâcherons de faire connaître et de déterminer la valeur curative de nos eaux dans les maladies qui en sont tributaires.

Que faut-il pour élever à nos fontaines, sur des bases larges et solides, un monument digne de leur précieuse minéralisation et de leur haute valeur thérapeutique? Il faut recueillir des observations exactes et complètes et poser des diagnostics bien étudiés.

C'est ce que j'ai voulu faire dans cette nouvelle communication. Ai-je réussi? C'est à
mes confrères de me l'apprendre. En atten-
dant leur jugement, je continuerai une œuvre
ingrate et pénible que je recommande à leur
bienveillante attention.

MALADIES DES ORGANES DIGESTIFS.

Les affections gastro-intestinales sont les
formes pathologiques qui se présentent en
plus grand nombre à nos sources, et celles
où l'efficacité de nos eaux se manifeste le
plus souvent.

Ces affections sont, pour l'estomac : la dyspepsie, la gastralgie, le pica, le pyrosis, la
gastrite chronique, l'hypocondrie, le vomissement ; pour les intestins : l'entéralgie, l'entérite chronique, la constipation, la diarrhée.

Nous allons successivement étudier ces diverses et nombreuses maladies au point de
vue de leur traitement par nos eaux minérales.

1° DISPEPSIE.

Il n'existe pas encore une définition, à la fois courte et bonne, de la dyspepsie. Quelques auteurs pensent même que cette affection ne présente pas une entité pathologique bien déterminée. D'après quelques autres, dyspepsie serait un mot insignifiant par lequel on désignerait une foule de dérangements des actes digestifs.

Pour nous, dyspepsie signifie : *lenteur, difficulté, état pénible des digestions.*

Il est bien rare que cette affection se présente à nos sources dans sa simplicité primitive, je veux dire sans complication. Ceci est facile à comprendre. La digestion étant une fonction extrêmement compliquée, et qui exige le concours de diverses actions organiques, il est évident que les troubles fonctionnels qu'elle peut occasionner doivent nécessairement varier comme les éléments qui concourent à l'acte digestif.

DYSPEPSIE ANOREXIQUE.

Les principaux symptômes de cette forme

de dyspepsie sont , avant le repas : l'inappétence, l'aversion, le dégoût pour les aliments ; après le repas, si minime qu'il soit :
un état général d'accablement, de faiblesse,
d'anxiété inexprimable (se traduisant, le plus
ordinairement, par des baillements, des pendiculations), de douleurs de tête et enfin de
tout le cortége qui accompagne une surcharge
stomacale.

Quand aux causes qui peuvent produire
cette affection, elles sont presque toujours
dans la non-observation des lois les plus simples et les plus communes de l'hygiène : nourriture grossière, mauvaise, insuffisante, abus
des infusions, des boissons chaudes, défaut
d'exercice, d'air salubre, de position gênée
pendant un travail long et pénible, préoccupations morales excessives, chagrins violents,
profonds, travaux intellectuels soutenus,
longs, opiniâtres, concentrés, méditations
profondes, ascétiques ; le défaut de mastication, d'insalivation, soit qu'on mange glou-
tonnement, soit que ces deux premiers actes de la digestion ne s'opèrent qu'avec diffi-

culté par suite de l'absence des dents, est
une des causes les plus ordinaires de la dyspepsie. Cela se conçoit facilement : les aliments ne parvenant dans l'estomac qu'imparfaitement triturés et mal imprégnés par
la salive, les fonctions que remplit cet organe
deviennent alors nécessairement plus lentes,
plus pénibles, plus laborieuses.

De longues et pénibles maladies du tube
digestif, en viciant, en supprimant la sécrétion
des sucs gastrique, pancréatique, biliaire,
en jetant les membranes muqueuses dans un
profond état de faiblesse, de débilité, d'atonie, peuvent aussi produire la dyspepsie
anorexique, comme le prouve l'observation
suivante.

1re OBSERVATION.

Dyspepsie anorexique. M. D. M... possesseur, à
vingt-cinq ans, d'une belle fortune, libre de soins et de
soucis, se rendit à Paris en 1852. A la suite de nombreux excès de plus d'un genre, M. D. M... s'aperçut
que ses fonctions digestives diminuaient. Il demanda
aux aliments excitants, aux boissons fortes le soulagement de ce qu'il lui plaisait d'appeler une *faiblesse*

d'estomac. Sous l'influence de ce régime incendiaire, tous les symptômes d'une gastrite aiguë firent explosion, et nécessitèrent un traitement anti-phlogistique énergique et long.

M. D. M... se trouvait beaucoup mieux ; l'appétit se prononçait, les forces musculaires revenaient, et avec elles l'espoir d'une guérison radicale prochaine, quand il accepta une invitation à dîner avec quelques amis de son âge. On fit bonne et délicate chère, on but des vins fins, exquis, mais excitants ; on prit du café, des liqueurs ; on joua toute la nuit ; on but encore des liqueurs fortes.

A peine rentré chez lui dans un demi-état d'ivresse, M. D. M... éprouva des douleurs atroces dans l'estomac, douleurs qui ne cessèrent que lorsque cet organe fut débarrassé, par le vomissement, de tout ce qu'il n'avait pu digérer. Appelé à la hâte, le médecin qui avait déjà soigné le malade employa le même traitement. Mais cette maladie fut plus longue et plus difficile à guérir.

Depuis deux ans qu'il a quitté Paris et qu'il habite la campagne, où il mène une vie retirée, notre malade n'a pu entièrement se débarrasser de son affection. Il ne peut se rendre compte de ce qu'il éprouve, il ne peut manger qu'avec une espèce de répugnance, et quand il a satisfait ce *besoin*, qui n'en est pas un pour lui, il ressent pendant trois ou quatre heures un malaise épigastrique indéfinissable. Quelquefois cependant il lui semble qu'il va manger avec appétit, mais à peine est-il à table, qu'il se trouve sans désir de prendre les aliments qu'il a lui-même ordonné de lui servir. Il n'éprouve jamais le sentiment de la faim et de la soif; il a passé des matinées entières à la chasse sans éprouver aucun de ces deux besoins.

Etat du malade à son arrivée à Vals. — M. D. M... est d'une petite taille, d'une constitution frêle, délicate, nerveuse; il est malingre, souffreteux, chauve, décoloré; son front, déjà ridé, porte l'empreinte de la douleur et de la fatigue; l'œil, encore vif, est profondément enchassé dans l'orbite; les lèvres sont pâles; les gencives, privées de plusieurs dents, sont blanchâtres, la langue est pâle et très large.

Ce malade éprouve, après avoir pris un peu de nourriture, un malaise épigastrique, qui ne tarde pas à devenir général et qu'il est obligé de combattre par l'usage d'infusions théiformes, par l'exercice prolongé à pied ou en voiture. Ce pénible état se termine presque constamment par quelques vents que le malade rend par la bouche. par quelques borborygmes et par un peu de distension dans le bas-ventre. Les forces sont assez bonnes, ainsi que le moral du malade.

Examinés avec un soin tout particulier, les organes thoraciques et abdominaux ne paraissent atteints d'aucune lésion organique.

Le malade prend d'abord quatre verres d'eau de la Marie le matin à jeûn et trois le soir, vers les trois heures. Son régime est celui du grand hôtel. Le matin, après avoir pris ses quatre verres d'eau, il prend un bain alcalin à l'établissement de M. F. Gaucherand. Après huit jours de ce simple traitement, M. D. M... se trouve mieux ; il n'éprouve plus ce malaise qui l'avait si longtemps tourmenté ; il n'a plus besoin pour digérer d'infusions ni d'exercice ; la répugnance pour les aliments a cessé ; l'appétit se fait déjà sentir, les nuits sont bonnes, les forces parfaites. M. D. M... se croit guéri. Je le mets à l'usage de l'eau de la Chloé, à la dose de six verres le matin et quatre le soir. Sous l'influence de cette eau bienfaisante, le malade recouvre en peu de jours un appétit *comme celui qu'il avait avant d'être malade* (expressions du malade). Le teint se colore, la peau reprend son animation et, après un mois de traitement, M. D. M... quitte Vals, heureux et content de s'être débarrassé d'une maladie qui menaçait son existence, et le privait de fréquenter le monde, pour lequel il était né. Depuis un an, M. D. M... est marié ; il continue de jouir d'une santé sinon parfaite du moins bonne. Il n'éprouve jamais le *malaise* qui l'avait amené à Vals, en 1855.

2e OBSERVATION.

Dyspepsie anorexique. A la suite de longs et incessants travaux de cabinet, un professeur perdit, petit-à-petit, la *faculté de digérer.* Le malade, en effet, ne prend plus, depuis cinq à six ans, que quelques tasses de bouillon gras, quelques cuillerées de purée ou de panade, un peu de gelée animale, un jaune d'œuf, etc. Le soir, il trempe un biscuit tantôt dans de l'eau sucrée, tantôt dans l'eau vineuse.

Sous la longue influence d'un régime aussi sévère, le malade a perdu ses forces, et c'est à peine s'il peut faire une promenade de deux ou trois kilomètres sans éprouver une fatigue considérable.

Si parfois il arrive au malade de prendre un peu plus de nourriture que d'habitude, ou s'il use d'aliments plus nourrissants ou de plus difficile digestion, il passe de mauvaises nuits, et, au réveil, il se trouve comme *brisé* : ses facultés intellectuelles qui, avec le régime habituel, sont parfaites, se troublent quand il change de régime.

Le malade est âgé de cinquante-sept ans, il est d'une faible constitution, d'un tempérament sec, d'une taille au-dessus de la moyenne; son front large, élevé, droit, que partagent horizontalement trois plis profonds, porte l'empreinte de cette dignité calme et intelligente que donne l'habitude des hautes pensées et des réflexions sérieuses ; la face, dont les traits n'offrent rien de remarquable, est d'une grande maigreur et presque hippocratique.

Après un entretien d'une heure et un sérieux examen des organes qui concourent à l'acte digestif, entretien et examen qui me donnèrent la certitude que ce malade n'était pas, comme quelques médecins l'avaient cru, atteint d'hypocondrie, je compris facilement que j'avais devant moi un *sujet* qui vivait depuis longtemps sous l'influence d'une dyspepsie provoquée et entretenue par des travaux intellectuels soutenus et exagérés, par le défaut d'air libre et pur, et par un régime tous les jours plus rigoureux, etc., etc.

Après un séjour d'un mois dans notre délicieuse vallée, par l'usage de nos eaux en boisson, en bains, et un exercice de plus en plus prolongé, notre professeur vit, avec autant de bonheur que de surprise, qu'il pouvait manger de tout, et beaucoup, avec appétit, avec plaisir et sans qu'il en résultât la moindre sensation pénible. Depuis quatre ans cette cure ne s'est pas démentie un seul instant.

3ᵉ OBSERVATION.

Dyspepsie anorexique. En 1853, le docteur Joffre, de Grenoble, mon condisciple et mon ami, m'adressa une dame de ses clientes qui, à la suite d'une grossesse excessivement pénible et d'un accouchement *laborieux*, avait vu son appétit, autrefois très bon, disparaître à ce point qu'elle ne pouvait *ni voir ni même toucher du bout des lèvres les aliments qu'elle appétait le plus, alors qu'elle jouissait d'une bonne santé.*

Mᵐᵉ E. V.. est petite, blonde, délicate, sensible, très impressionnable, d'un tempérament nerveux, iras-

cible même, mais habituellement doux et même affectueux ; elle accuse vingt-cinq ans, quand on lui en donnerait à peine vingt ; ses manières sont aisées et même
distinguées, son éducation parfaite. Laissons parler la
malade :

« Si, pendant toute ma vie de jeune fille, je n'ai pas
joui d'une santé brillante, je n'ai jamais non plus éprouvé une seule indisposition qu'on puisse appeler maladie. Le premier orage de la puberté s'est déclaré à la
fin de ma seizième année ; il a été ce qu'il est généralement chez la plupart des jeunes personnes de mon tempérament et de ma constitution. Je n'ai jamais été bien
réglée jusqu'à mon mariage. A cette époque, l'évacuation menstruelle s'est faite régulièrement jusqu'au moment de ma grossesse, que des vomissements incoerci-
bles rendirent si pénible. Quand au bout de cinq mois
de mon état intéressant, les vomissements cessèrent,
ils furent remplacés par des spasmes fréquents, des
mouvements convulsifs, des crampes des extrémités
inférieures.

Sous l'influence de tous ces phénomènes nerveux auxquels vinrent se joindre des pertes de connaissance, des
lipothymies, l'appétit, déjà capricieux, me fit complètement défaut, et sa perte ne tarda pas à me jeter dans
un état de prostration tel, que je me trouvai vers la fin de
ma grossesse, réduite à ne pouvoir faire le moindre exercice sans éprouver une lassitude extrême. Ce fut en cet
état pénible, qu'arriva le moment de ma délivrance,

Elle fut longue et douloureuse et exigea l'emploi des fers. Depuis lors, c'est-à-dire depuis un an, *je végète entre la vie et la mort*, prenant à peine de la nourriture ce qu'il en faut pour ne pas mourir de faim; aussi voyez dans quel état de maigreur ou plutôt de marasme je suis tombée. On me fait espérer que vos eaux me rendront l'appétit: je le souhaite; mais ce souhait se réalisera-t-il? je n'y compte pas. »

Etat de la malade. — La figure, d'un ovale parfait, est maigre, d'un blanc mat; les yeux, d'un bleu gris, ont peu d'expression et sont cerclés d'une auréole bleuâtre; les lèvres sont pâles, la langue est sale, fortement fendillée, les gencives, un peu tuméfiées, offrent çà et là quelques points blanchâtres. La palpation, la percussion, la pression de toute la capacité abdominale n'offrent rien d'anormal dans aucun des viscères qu'elle contient; les organes thoraciques sont dans un état parfait de conservation. Depuis sa couche, la malade n'a plus ses règles, et reste complètement insensible à toute sensation génésiaque; elle éprouve même pour ce *plaisir* la même horreur qu'elle ressent pour les aliments: le sommeil n'est pas agité, mais il est court, interrompu, peu réparateur et traversé par des rêves bizarres; la faiblesse générale est extrême et quelquefois telle que la malade reste au lit des journées entières; les selles sont rares et les urines claires.

Nous fîmes prendre à cette intéressante malade, d'abord l'eau de la Marie à dose progressivement ascendante, en ayant soin de la faire couper avec le sirop de gomme ; la malade prenait aussi un bain minéral tous les matins. Sous l'influence de ces deux simples moyens, l'appétit ne tarda pas à se réveiller. Au bout de dix à douze jours de traitement thermal, le goût pour les aliments, se prononçant vivement, l'appétit acquit de la régularité, les forces s'accrurent, la menstruation reparut et s'accomplit passablement. Alors, je mis la malade à l'usage de l'eau de la Chloé en boisson, mais à dose modérée ; je fis continuer les bains, interrompus pendant l'écoulement menstruel, et aux bains et à la boisson, je fis ajouter les frictions alcalines sur tout le corps, au moyen d'une éponge fine. Continué pendant vingt jours, ce traitement eut le résultat le plus heureux.

Nous prescrivîmes à la malade une nourriture solide et un peu de vin généreux *coupé* avec l'eau de la Marie. Sous l'influence de ce régime, notre intéressante malade se trouva débarrassée de sa dyspepsie, et m'écrivit, deux mois après avoir quitté Vals, pour me faire part de cet heureux résultat.

4e OBSERVATION.

Dyspepsie anorexique. Depuis quelque temps (c'est de lui-même que parle M. Alphonse Dupasquier), je m'apercevais d'un dérangement notable dans les fonctions digestives, j'avais perdu l'appétit, et, dès que je mangeais, une distension douloureuse se faisait sentir à l'épigastre, puis survenaient des éructations fréquentes et des rapports acides très désagréables. En vain j'avais diminué de plus de la moitié la quantité journalière des aliments ingérés dans l'estomac ; en vain je faisais usage d'un régime adoucissant et me privais de viandes excitantes, de ragoûts, et généralement de toute substance alimentaire âcre ou irritante, mon estomac ne fonctionnait pas mieux. Une constipation opiniâtre, en déterminant continuellement des distensions gazeuses dans différentes parties du tube digestif, donnait lieu à un état de malaise et à un endolorissement du ventre presque continuel. Sans être décidément malade, je souffrais assez pour ne me livrer qu'avec peine et dégoût à mes occupations habituelles.

Grâce à l'eau minérale de la nouvelle source de Vals, tous les symptômes disparurent comme par enchantement dès le jour que je commençai à en faire usage.

Le matin même de mon arrivée (26 juin 1843), j'en bus neuf verrées en deux ou trois heures, et cela suffit pour me donner un appétit très vif, et pour que je pusse faire un solide déjeûner à la fourchette, ce qui, les jours précédents, aurait donné lieu à des conséquences plus ou moins fâcheuses. Ce jour-là rien de semblable ne survint, la digestion s'opéra sans peine. Je bus encore quelques verres d'eau minérale, et l'heure du dîner fut précédée par la sensation très prononcée de la faim, que je ne connaissais plus depuis au moins quinze jours. Les jours suivants, continuant toujours l'usage

de la même eau minérale, je pus prendre chaque jour
une part très active à deux repas copieux, qu'une hos-
pitalité ingénieuse et empressée rendait terriblement
redoutable pour un estomac débile.

En résumé, trois ou quatre jours de séjour à Vals et
d'usage d'eau de la Chloé avaient complètement fait
disparaître l'incommodité pénible que j'y avais apportée,
et m'avaient rendu capable de figurer très honorablement
à une table aussi recherchée qu'abondamment servie.

Après un résultat aussi remarquable, résultat conforme d'ailleurs à l'observation journalière de l'habile
médecin inspecteur, l'honorable docteur Ruelle, il est
impossible de douter de l'influence énergique et rapide que doit exercer l'usage interne de l'eau de la Chloé
dans toutes les débilités gastriques, même arrivées au
point de ne plus permettre au malade l'ingestion d'un
simple potage au maigre, sans qu'il en résulte des coliques, des rapports acides et même des vomissements.

REMARQUES.

C'est dans cette forme de dyspepsie qu'il
convient de donner l'eau la moins minéralisée
et la plus gazeuse, bien qu'elle soit *sensiblement ferrugineuse*. Elle doit être prise à
faibles doses d'abord, doses qu'on augmente
graduellement tous les jours.

L'eau de la Marie m'a rendu de grands services dans la dyspepsie anorexique, elle remplit admirablement les deux premières indications, mais, comme elle ne contient que quelques atômes de fer, je lui ai préféré la Saint-Jean, à cause de la qualité *d'eau sensiblement ferrugineuse*, que lui donne M. O. Henry. J'ai déjà pu constater, dans de nombreuses circonstances, que sous l'influence de cette eau bienfaisante, les dyspeptiques sentaient renaître leurs fonctions digestives.

Ce qui rend l'eau de la Saint-Jean presque spéciale dans la dyspepsie anorexique, c'est que non-seulement elle est gazeuse, mais encore qu'elle contient, dans des proportions infiniment heureuses, le fer, ce tonique précieux, et le bicarbonate de soude. Or, tous les hydrologues reconnaissent aujourd'hui que de l'association de ces trois agents thérapeutiques, il résulte une *action très directe et très puissante sur les phénomènes intimes de la digestion, et en particulier sur les sécrétions gastriques et duodénales.*

En effet, « l'acide carbonique est, assure
M. Herpin, l'esprit vital des eaux minérales ;
c'est un de leurs principes les plus utiles et
les plus efficaces. » « Introduit dans l'estomac,
combiné avec l'eau, il se dégage doucement,
et provoque sur la muqueuse digestive une
stimulation légère, continue, qui s'étend sur
toute cette surface, en pénètre les moindres
plicatures, s'exerce dans les follicules comme
sur les villosités, soumet, en un mot, la to-
talité du viscère à un surcroît d'activité qui,
en aucun cas, n'a de danger, puisqu'il n'est
que l'augmentation de l'action organique normale. — Contractilité, sécrétion, sensibilité,
tout s'exagère momentanément dans de jus-
tes limites que jamais on n'a vu dépasser.
C'est l'état physiologique à son plus haut degré ; mais ce n'est ni plus, ni pis. » (DIDAY.)

« Le caractère général de l'action du gaz
acide carbonique sur l'économie est une excitation douce, prompte, une stimulation vivifiante, rapide, mais passagère et de courte
durée, du système nerveux et vasculaire, aussi
bien que des organes, des sécrétions, et sur-

tout des excrétions. C'est comme un souffle immatériel qui ne laisse aucune trace sur son passage. (NIEPCE.)

L'acide carbonique ne se contente pas d'exercer une action douce, stimulante et vivifiante sur l'estomac, « de là il passe dans le torrent de la circulation; il accélère les mouvements circulatoires et va porter son action sur le sang lui-même, dont il modifie l'état chimique et les qualités : son action s'exerce notamment sur les poumons, sur les organes les plus éloignés, les viscères de l'abdomen, de la poitrine, de la tête, et plus particulièrement sur les organes des sécrétions et sur le système nerveux.

D'après les lois de l'exosmose et de l'endosmose, il pénètre les différents tissus du corps, il est expulsé par les poumons et par la peau. (NIEPCE.)

« L'acide carbonique a pour propriété d'activer la digestion. On appelle *eaux digestives* toutes les eaux fortement gazeuses ; il est permis de les considérer comme un ex-

citant spécial de l'appareil digestif. » (DURAND-
FARDEL.)

« L'excès d'acide carbonique n'est pas
toujours, il s'en faut, une garantie assurée
de la facile digestion des eaux. L'excitation
trop vive qu'il produit sur les estomacs malades ou affaiblis, les rend quelquefois insupportables. Il est bon, sans doute, que les eaux
en contiennent plus ou moins, suivant l'état
des malades, mais jamais trop, comme pour
toutes les bonnes choses. (DAUMAS.)

En effet, nous avons pu constater dans un
grand nombre de circonstances que les eaux
si éminemment carboniques de la Marie, prises à l'intérieur, déterminent, surtout chez
les femmes délicates, sensibles, impression-
nables, des lourdeurs de tête, de la titubation,
de la somnolence et de l'ébriété.

Nous n'avons jamais pu observer que l'eau
de la Saint-Jean ait produit ces phénomènes,
d'ailleurs plus effrayants que dangereux, puisqu'ils sont de bien brève durée. Cependant
c'est là une des raisons qui nous ont fait
négliger l'eau de la Marie dans les cas où

l'estomac se trouve sous l'influence d'une affection qui n'est pas franchement atonique et
qui atteint des malades d'une impressionnabilité reconnue. Dans ces cas, qui sont loin
d'être rares, nous préférons l'eau de la Saint-
Jean, moins gazeuse, mais plus ferrugineuse
et plus alcaline.

« Prise en boisson, à la dose de quelques
verres, l'eau ferrugineuse excite légèrement
l'estomac et stimule l'appétit ; transportée par
l'absorption dans le torrent circulatoire, elle
imprime une activité plus grande à la nutrition. » (PATISSIER.)

« L'eau ferrugineuse offre une ressource
précieuse toutes les fois que l'on veut fortifier
les organes digestifs, et combattre le relâche-
ment, la mollesse, l'oligotrophie de leurs
tissus. » (BARBIER.)

« J'ai vu un grand nombre de dyspepsies
être avantageusement modifiées par les eaux
ferrugineuses. » (PÉTREQUIN.)

« Ainsi leur action — des sources ferrugineuses — est essentiellement fortifiante. Elles
facilitent la digestion, relèvent les forces,

rendent le sang plus riche et plus vermeil ;
en un mot, elles déterminent dans l'économie une sorte de transmutation qui imprime
à l'ensemble de nos fonctions une nouvelle
activité. » (JAMES.)

M. Roubaud, dans son excellent ouvrage
des eaux minérales de France, pense que
les stations les plus recommandables dans le
traitement des affections des voies digestives
sont Pougues, Saint-Alban, Chaudes-Aigues,
Vic-le-Comte, Vic-sur-Cère, à cause de leur
faible minéralisation. Voyons si les eaux de
ces cinq stations sont moins minéralisées que
celles de la Saint-Jean de Vals :

Pougues — Saint-Alban — Chaudes-Aigues
3,833.　　　2,600.　　　　0,811.

Vic-le-Comte — Vic-sur-Cère.
6,788.　　　　5;559.

La source la Saint-Jean de Vals n'a que
2,171 : elle est dont moins minéralisée que
les sources — celles de Chaudes-Aigues excep-
tées — que M. Roubaud, si compétent en pareille matière, recommande dans le traitement
des *estomacs souffrants*.

De ce qui précède, il est facile de tire
une conclusion favorable à l'emploi de no
eaux dans le traitement si difficile des affec
tions gastro-intestinales si nombreuses e
souvent si compliquées, et d'assurer que ce
emploi, savamment combiné par des main
habiles et expérimentées, parvient, dans l
majorité des cas, à guérir et à soulager de
maladies que les eaux de Vichy aggravent.

DYSPEPSIE ACIDE

Lorsque les substances alimentaires in
troduites dans l'estomac ne sont pas conve
nablement élaborées par ce viscère, et y sé
journent néanmoins, elles se maintienneu
jusqu'à un certain point sous l'empire de
affinités chimiques, ou plutôt elles y ren
trent, et il se développe des liquides aigre
qui, soit quelques instants ou quelques heure
après le repas, soit le lendemain, remonten
jusqu'à la bouche par un mouvement d'é
ructation, ou sont expulsés par le vomisse
ment. Dans l'un et l'autre cas, les *aigreurs*
les *acidités*, font éprouver une sensation dé

sagréable *d'acreté* et *d'acidité* dans la gorge
et au bout de la langue. Cette sensation dure
encore lorsque la matière qui la provoque est
expulsée. Souvent elle persiste pendant longtemps, mais alors elle paraît dépendre d'une
irritation sympathique de la membrane qui
revêt l'isthme du gosier.

Les *aigreurs*, les *acidités* qui accompagnent l'éructation, ou qui se font sentir sans
qu'aucun liquide remonte de l'estomac à la
bouche, dépendent également d'un trouble
aigu ou chronique dans les fonctions de l'estomac. Tantôt ce viscère, affaibli par la pri-
vation des stimulants auxquels il était accou-
tumé, tels que le vin, les bons potages, les
assaisonnements, ne peut attaquer convenablement les aliments qu'on lui soumet, tantôt
son action, quoique normale, se trouve insuffisante pour faire subir un commencement
d'assimilation aux substances indigestes
qu'on y ingère; tantôt enfin, une irritation,
préexistante ou déterminée par les aliments
eux-mêmes, primitive ou sympathique, l'em-
pêche d'exercer sur eux son influence ordi-

naire. C'est ainsi qu'on peut se rendre compte des *aigreurs*, des *acidités* qui se développent chez les sujets qui passent subitement d'un régime salubre et même succulant à l'usage d'aliments refractaires à l'action des voies digestives, chez ceux qui se gorgent d'aliments végétaux acides ou passent facilement à l'aigre, des pâtisseries auxquelles on joint des confitures ou des fruits acidules, chez ceux qui font usage de poissons assaisonnés avec une huile altérée par le feu, chez les sujets lymphatiques, dont l'estomac est naturellement irritable, tels que les enfants délicats que l'on gorge d'aliments, de fruits ou de fromage, chez les personnes qui ont des vers, chez les jeunes filles chlorotiques dont la première menstruation est tardive, chez les femmes, enceintes ou hysthériques, chez les hypocondriaques, etc.

5e OBSERVATION.

Dyspepsie acide. M. J. D.. âgé de trente-deux ans, d'un tempérament nervoso-bilieux, grand, bien fait, musculeux, avait pris une part très active, *trop active même*, — expressions du malade — aux agitations qui

virent s'éteindre les dernières lueurs de la république de
1848. Ce malade fut obligé de chercher un refuge en
Suisse et par conséquent d'abandonner sa famille qui,
par l'effet de cet abandon, allait se trouver dans une
position voisine de l'indigence. Lui-même, bientôt à
bout des minces ressources qu'il avait emportées, se vit
dans la pénible nécessité de se livrer, pour gagner sa
misérable vie, aux occupations les plus rudes et les plus
fatigantes. Pendant six mois d'un travail inaccoutumé
autant que forcé, avec un régime peu nourrissant,
M. J. D.. sentit ses forces décroître d'une manière peu
commune, tandis que ses fonctions digestives, autrefois si actives, devenaient de plus en plus mauvaises.
Cependant il *fallait travailler pour vivre ou bien ten-
dre la main*. Trop fier pour avoir jamais recours à ce
moyen, le malade sembla puiser de nouvelles forces dans
l'horreur que lui inspirait la triste nécessité, où il allait
se trouver, de descendre à l'humiliante condition d'im-
plorer la charité publique. Il travailla donc, jusqu'au
moment où ses forces, trahissant son courage, lui firent complètement défaut.

Un matin, après une nuit des plus mauvaises, quand
le malade quitta le lit, il sentit ses jambes se dérober
sous lui et sa tête prise comme dans un étau; il tomba
ou plutôt il se laissa tomber sur le plancher. Replacé
sur son lit, par une femme qui le soignait, il sentit sa
bouche inondée d'une *liqueur* d'une *aigreur extrême:*
cette *liqueur* s'épanchait à flots pressés et d'une ma-

nière si brusque et si abondante qu'il en passa considérablement par les narines. Alors, le malade fut pris subitement de vertiges, et il s'évanouit, en s'agitant d'une manière extraordinaire. L'évanouissement fut si prompt que la langue, prise entre les dents, fut légèrement déchirée.

Cet évanouissement fut de courte durée (une ou deux minutes). A dater de cette époque, presque tous les matins, le malade rendait une assez grande quantité de suc gastrique *aigre comme du verjus*. Il fallut un grand mois au malade pour reprendre les forces qui lui étaient nécessaires pour se livrer aux pénibles occupations qu'on lui imposait.

M. J. D. traînait depuis un an cette triste et douloureuse existence, quand il put rentrer en France. Dire les émotions que cet homme courageux et fier, mais par trop impressionnable, éprouva, quand, du haut des Alpes Dauphinoises, il revit les plaines qu'arrosent la Drôme et l'Isère, serait chose impossible. Un moment, dominé, vaincu par l'émotion qu'il éprouvait, il se sentit défaillir, et serait probablement tombé, s'il n'avait été soutenu par un camarade d'infortune. Alors un véritable *débordement* de suc d'une acidité extrême se fit jour par la bouche, doucement, par petites gorgées. Cet espèce de vomissement soulagea le malade et lui rendit le courage dont il avait besoin pour regagner la maison paternelle où l'attendaient tout ce qu'il avait de plus cher au monde, sa bonne et vieille mère, sa compagne chérie et sa petite famille.

M. J. D.. trouva, près de son épouse, tous les soins que réclamait si impérieusement sa position. Il allait déjà beaucoup mieux au bout d'un mois; il se crut arrivé au moment tant désiré où il pourrait se mettre au travail. Il se livra avec courage et assiduité aux rudes occupations des champs. D'abord, tout fut pour le mieux; le sommeil était bon, l'appétit, sans être très prononcé, se faisait cependant sentir, quand venait l'heure des repas; le malade mangeait même avec plaisir, et retournait aussitôt à ses travaux, quand, au bout d'un mois, le sommeil, l'appétit et le désir de travailler cessèrent progressivement, et les *faiblesses muscalaires, les serrements de tête, les pituites se renouvelèrent avec un incroyable redoublement d'intensité.*

Le repos absolu, un régime nourrissant, exclusivement composé de viandes rôties et bouillies et l'usage des boissons dans lesquelles on faisait dissoudre du bicarbonate de soude en assez forte dose enrayèrent les progrès de cette affection, qui semblait menacer la vie du malade. C'est dans cet état, presque désespéré, que M. J. D.. arriva à Vals.

Etat actuel du malade. — Face pâle, blême, un peu terreuse; l'œil, d'un noir d'ébène, est profondément enchassé dans une large orbite, que recouvre un sourcil épais et parfaitement arqué servant de base à

un front large et élevé ; les lèvres, renversées en dehors, sont couleur de lie de vin, leurs commissures offrent quelques petites, mais profondes ulcérations d'un
aspect douteux ; les gencives sont rouges, fongueuses et
comme spongieuses, elles saignent à la moindre pression et recouvrent, presque entièrement, des dents jaunâtres dont l'émail a presque complètement disparu ; la
langue et toute la membrane muqueuse qui tapisse la
bouche sont rouges, épaisses et répandent au dehors
une odeur aigre, pénétrante, insupportable.

Après avoir été imparfaitement triturés, les aliments,
en traversant l'isthme du gosier, provoquent des douleurs assez vives et souvent pénibles quand s'accomplit
la déglutition. Examinée avec soin, cette partie du
tube digestif n'offre cependant rien d'anormal, si ce
n'est une légère inflammation. Arrivé dans l'estomac, le
bol alimentaire provoque instantanément un état de malaise indéfinissable, plutôt agaçant que douloureux,
mais qui ne tarde pas à devenir fatiguant et à provoquer
des distensions, des suffocations, etc., etc. Cet état
pénible dure jusqu'à ce que des éructations, des gaz
d'une acidité extrême se produisent, et viennent se
faire jour bruyamment, par la bouche ou par l'anus,
après avoir péniblement parcouru les intestins qu'ils
distendent douloureusement. En même temps le malade éprouve, dans la région épigastrique, un sentiment
de plénitude qui le tourmente et le jette dans un état
de faiblesse et de langueur inséparable des résultats

habituels de mauvaises digestions. Tant que dure cet état, M. J. D.. a quelques éblouissements; le cerveau est pesant, lourd, l'intelligence confuse, troublée par des idées bizarres, incohérentes, à tel point que quelquefois il croit sa raison perdue et pense même qu'il ne pourra plus la récupérer. Mais à mesure que la digestion s'opère, le cerveau se dégage, et les idées qui l'obscurcissaient momentanément et d'une manière si fâcheuse redeviennent claires et lucides. Cet état des facultés intellectuelles est extrêmement pénible pour le malade qui a cru observer que, loin de diminuer, il augmentait chaque jour.

Il est utile, je pense, de faire observer que pendant tout le temps que durent les digestions, troublées par tant de phénomènes morbides divers, le malade loin d'éprouver le besoin de boire, refuse, avec constance et même obstination, toute boisson, que le pouls reste calme, ou mieux qu'il bat avec moins de force et de violence, qu'il éprouve aussi, non pas des frissons, mais un sentiment de froid inappréciable au toucher, etc.

La défécation et l'émission des urines se font normalement; les organes thoraciques sont en bon état; le malade est plein de courage, et espère tout de l'usage de nos eaux qui en ont bien guéri d'autres.

Prescription. — Bain alcalin le matin avant de prendre de l'eau minérale en boisson, frictions avec une éponge imbibée d'eau minérale sur toute la surface du corps avant, pendant et après le bain, huit demi-verres d'eau de la Chloé le matin et quatre demi-verres le soir vers les trois heures, régime analeptique.

Pendant les premiers huit jours de ce traitement, suivi ponctuellement, le malade n'éprouve aucune amélioration sensible. Désespéré de ne pas obtenir un résultat que j'avais eu le tort impardonnable de lui avoir fait espérer, le malade veut quitter Vals : *son affection est incurable, on le lui a dit, il le voit bien; c'est vainement qu'il dépenserait le dernier argent que sa pauvre femme s'est procuré avec tant de peine.*

A ma prière, le malade consent enfin à rester huit jours encore. Il boit le matin, toujours après le bain alcalin et les frictions alcalines, huit verres le matin et six le soir. Pendant cette seconde huitaine, l'amélioration se prononce, et bientôt après, elle est telle que l'espoir d'une guérison prochaine vient fort à propos ranimer le courage du malade.

Alors le sommeil devient meilleur, l'appétit se prononce, les digestions ne sont plus accompagnées de tout ce grand cortége de gaz, d'éructations, de borborygmes, de vents, de distensions, de serrements de tête, d'éblouissements, de vomissements acides qui le *suivaient comme l'ombre suit le corps.* Tout se régularise, tout est changé et complètement changé à l'avantage du malade qui donne encore une semaine à son traitement thermal, et qui finit par obtenir, au bout de vingt-et-un jours, une amélioration qu'on pouvait regarder comme une guérison.

Je quittai donc ce malade dans l'espoir de le voir rétabli pour longtemps, mais dans l'appréhension qu'une nourriture trop grossière ou des travaux manuels trop pénibles ne provoquassent une nouvelle explosion de l'altération des sucs gastriques. Mon appréhension n'était malheureusement que trop fondée. En effet, trois mois après avoir quitté Vals, le malade vit reparaître, presque brusquement, tous les symptômes de la dyspepsie acide qui l'avait déjà, si longtemps, cruellement tourmenté.

Quelques bouteilles d'eau de la Chloé, qu'il but à domicile, améliorèrent l'état du malade et lui permirent d'attendre patiemment *la saison des eaux*.

A son arrivée à Vals, le malade offre à notre observation tous les symptômes morbides que j'avais constatés l'année précédente. Je dois à la vérité de dire, que tous ne présentaient pas le même degré d'intensité. En effet, les accidents du côté du cerveau s'étaient bien amendés, mais ceux de l'estomac semblaient avoir augmenté en durée et surtout en gravité. L'acidité des sucs gastriques était extrême; elle avait fini par enlever, par détruire l'émail de toutes les dents qui restaient encore au malade; les gencives étaient aussi en plus mauvais état et donnaient lieu à une exhalaison d'une fétidité repoussante, l'amaigrissement était plus prononcé, par faute, sans doute, d'une mastication insuffisante, d'une insalivation infecte, d'une chymication incomplète et d'un chyle mal élaboré. Somme toute, M. J. D.. se trouvait dans des conditions de santé peu rassurantes pour lui-même et pour moi qu'il chargeait du pénible fardeau de la rétablir.

Faut-il l'avouer? Ce ne fut qu'avec réserve et précaution que je commençai le traitement qui fut à peu de chose près le même que celui de l'année précédente. Prise à plus petite dose, l'eau de la Chloé sembla dès le début agir avec efficacité. Au quinzième jour de son traitement, M. J. D.. se trouvait beaucoup mieux, au vingtième sa guérison ne faisait déjà plus l'objet d'un doute ni pour moi, ni pour le malade, ni pour ceux même qui avaient suivi toutes les phases de cette rapide amélioration. Mais cette guérison, qui présentait vraiment quelque chose de miraculeux, serait-elle durable? Là était toute la question. Elle l'a été, grâce à l'eau de la Chloé, dont le malade fit usage pendant un mois encore à domicile, en mettant un mois d'intervalle entre le traitement fait à Vals et celui qu'il fit chez lui.

Ajoutons pour être véridique, que depuis son traitement à domicile, le malade s'est mieux nourri, qu'il a moins travaillé, et qu'il a encore un soin tout particulier de sa santé, le bien le plus précieux de la vie.

6ᶜ OBSERVATION.

Dyspepsie acide. M. D . . . , âgé de vingt-cinq ans,

d'une constitution délicate, d'un tempérament lymphatique, était sujet, depuis sa dix-septième année, à des
douleurs d'estomac, à des vomissements qui se repro-
duisaient tous les huit à dix jours. Depuis un an, il
éprouvait, après son repas, des pesanteurs et des douleurs à la région épigastrique, et vomissait souvent des
aliments à moitié digérés : il rendait tous les matins,
une grande quantité de sucs gastriques d'une acidité
extrême; le teint était blafard, la peau décolorée, l'appétit presque nul, bizarre, le sommeil léger, la constipation habituelle, opiniâtre, invincible.

Après m'être assuré que les vomissements n'étaient
produits ni par une lésion organique de l'estomac,
ni par une affection du cerveau, je prescrivis l'eau de
la Chloé à dose assez élevée (huit verres le matin et
quatre le soir). Sous l'influence de ce traitement simple, les vomissements cessèrent dès le dixième jour;
au vingtième, le malade digérait bien, dormait d'un
sommeil calme et réparateur, avait repris son teint normal, et au trentième jour, sa guérison ne faisait plus
l'objet d'un doute.

7e OBSERVATION.

Dyspepsie acide. Une institutrice de l'un des plus
petits et des plus froids cantons de la Haute-Loire,
vint, en 1853, prendre les eaux de Vals. Cette intéressante malade m'apportait une lettre de recomman-

dation de mon savant et honorable ami le docteur de
Labruyère. L'habile praticien de Montfaucon ne me disait rien de sa protégée, *qu'il confiait à mes soins.*
Je regrette cet oubli; mes lecteurs et moi y perdons
une observation faite de main de maître par le praticien le plus distingué qui m'ait honoré de son estime
et de son amitié pendant les vingt-cinq années que j'ai
habité les hautes et froides montagnes du *Velay*.

Mlle E. P . . . est âgée de vingt-deux ans, elle est d'un
tempérament lymphatico-sanguin, sa taille est petite,
mais bien prise, ses formes sont parfaites. Elle ne se
rappelle pas d'avoir été malade pendant toute sa triste
et laborieuse enfance. A dix-huit ans, elle ne savait ni
lire ni écrire. A cette époque, elle entra dans un couvent, où elle se livra à l'étude avec autant d'ardeur
que de persévérance. Quand la malade eut épuisé toutes les économies faites sur ses gages de *domestique de
ferme*, elle quitta le couvent et fut s'établir dans un
grand et pauvre village pour donner quelques leçons à
de petits enfants, dont les parents étaient aussi pauvres qu'elle. Elle fut logée dans une espèce de cave humide, froide, peu aérée ; là, on lui dressa un lit composé de quelques planches disjointes qu'on recouvrit
d'une légère couche de paille de seigle. C'est dans un
lit pareil, et à peine couverte, que la malade grelotta
pendant les longues nuits des hivers si rigoureux dans
ces régions élevées. Du côté de la nourriture, la pauvre institutrice n'était pas mieux partagée ; elle ne

mangeait que du pain de seigle noir, lourd, mal cuit, aigre, des pommes de terres, des raves et un peu de laitage *écrémé*. Sous d'aussi mauvaises influences hygiéniques la malade ne tarda pas à voir sa santé, jusque-là si floris- sante, se détériorer : elle perdit l'appétit et ne mange. qu'à *regret* ; ses digestions étaient lentes, difficiles pénibles, et se terminaient assez souvent par le vo missement. D'abord, la malade ne vomit que des ali ments à moitié digérés et devenus dans l'estomac d'une aigreur extrême ; puis les vomissements cessèrent e firent place à des rots, à des renvois, à des borborygmes ces borborygmes, ces renvois, ces rots ne fatiguaien pas la malade parce qu'ils sortaient par la bouche ou par l'anus, à mesure qu'ils se formaient dans l'esto- mac ou dans les intestins ; mais peu à peu ils se ra massèrent dans l'estomac et y déterminèrent des dis tensions, des suffocations aussi longues que doulou- reuses. A la suite d'un meilleur régime, la malade se trouvait mieux, elle comptait même sur sa guérison, quand elle eut le malheur de contracter une *fluxion de poitrine* qui exigea un traitement énergique et une diète sévère d'un mois entier. Alors commença, avec plus de violence encore, la dyspepsie flatulente qui détermina mon regrettable ami à m'adresser cette ma- lade.

Mlle E. P... est pâle, maigre, faible ; sa démarche est lente, paresseuse, sa physionomie triste, mélanco- lique, son découragement profond, sa confiance en nos

eaux nulle ; elle ne sait pas ce qu'elle est venue faire
à Vals et pourquoi on l'y a envoyée ; et quand je lui
dis que nos eaux peuvent la guérir, elle me fait un
signe de tête qui veut dire non : et, *sans le respect
qu'elle me doit, elle me donnerait volontiers un démenti.*

Je priai la malade de venir, dans mon cabinet, une
heure après son repas du soir. Là, presque aussitôt
qu'elle fut rentrée, elle fut obligée de desserrer son corset
*qu'elle portait habituellement très serré pour se sou-
tenir.* A peine cette opération préliminaire était-elle ac-
complie, que la malade eut des bâillements, des pendiculations, des distorsions, des suffocations stomacales
qui l'oppressaient et lui faisaient exécuter, malgré
elle, des contorsions, aussi fréquentes qu'étranges ;
il lui semblait que son estomac allait éclater, et
que la respiration, ne pouvant plus avoir lieu, elle
allait mourir faute d'air ; son visage, habituellement
pâle, ses yeux, d'un bleu d'azur, s'animaient d'un feu
étrange, sa voix ne rendait que des sons, d'abord aigus et plaintifs, puis rauques et gutturaux. Cette crise dura environ une heure et se termina, comme toujours, par l'émission, par la bouche, d'une grande
quantité de gaz inodores qui se succédaient avec une
rapidité peu commune. Deux heures après son entrée
dans mon cabinet, la malade était aussi calme, aussi
tranquille, aussi sereine que si la crise n'avait pas eu
lieu. La scène pénible, à laquelle nous venons d'assis-

ler, se renouvelait d'une manière invariable après chaque repas ; il arrivait, même souvent, que lorsque son-
nait l'heure où la crise se déclarait, la malade éprouvait tous les phénomènes principaux de cette crise,
alors même qu'elle n'avait pas mangé, mais, dans ce
cas, la crise était moindre et de courte durée.

Malgré le peu de foi qu'elle avait en la vertu curative de nos eaux et l'espèce de répugnance qu'elle
éprouvait de les prendre surtout en boisson, la malade
se décida cependant à commencer un traitement thermal régulier et suivi ; elle prit, et cela pendant huit
jours consécutifs, huit demi-verres d'eau de la Marie
le matin à jeûn et six demi-verres après midi. Le matin, avant la boisson. elle prenait un bain alcalin dans
lequel elle se pratiquait, sur toute la périphérie du
corps, des frictions, au moyen d'un linge assez rude.
Après huit jours de ce traitement, la malade sembla
s'apercevoir que l'appétit se prononçait et que sa crise
était moins longue et surtout moins douloureuse. La
démarche de la malade avait perdu de sa nonchalance ;
elle était plus vive, plus assurée : alors l'espoir de guérir, ranimant son courage, depuis longtemps abattu,
elle suivit nos conseils avec une ponctualité qui ne
contribua pas peu à l'amélioration de sa santé qui se
raffermissait tous les jours sous l'influence du même
traitement suivi pendant vingt-cinq jours. Quand la
malade nous quitta, tout faisait espérer une guérison

prochaine et radicale. Nous n'avons plus entendu parler de cette malade qui est entrée en religion.

8ᵉ OBSERVATION.

Dyspepsie acide. Mᵐᵉ E.. d'une petite taille, d'une constitution délicate, d'un tempérament lymphatico-sanguin, fut atteinte de presque toutes les maladies qui sont le triste apanage de l'enfance. Elle eut la variole, la fièvre scarlatine, une ou deux fièvres muqueuses; elle a été *sujette, très sujette aux vers*; elle a eu des glandes au cou, sous les aisselles; elle ne pouvait manger que des aliments peu nourrissants, et n'avait jamais voulu prendre des remèdes. Fille unique et partant très gâtée par ses parents, qui possédaient une très belle fortune territoriale, son enfance s'écoula dans un état habituel de santé extrêmement précaire. L'âge de la puberté ne fut pas très orageux, mais il n'amena que peu des attributs qu'il départ si souvent avec tant d'abondance aux jeunes filles bien constituées : Mᵐᵉ E.. était réglée, et cependant elle était malingre, sa poitrine n'avait encore pris qu'un développement imparfait, ses membres étaient grêles; elle n'éprouvait aucune de ces sensations si douces, si vagues qui font tant rêver les jeunes filles à l'âge de la puberté. A dix-huit ans, me disait Mᵐᵉ E.. j'étais encore un *véritable avorton.*

Ce ne fut que dans sa vingt-quatrième année que

notre malade vit sa constitution se former, ses forces renaître ; et cela, parce que depuis six mois, elle mangeait avec appétit des aliments nourrissants, et qu'elle buvait du vin pur.

Mariée à vingt-cinq ans à une homme de son âge, et qui possédait toutes les qualités requises pour être un bon époux, elle fut heureuse tant que dura cette union que rien ne troubla pendant quinze ans. Elle eut pendant cet espace de temps deux enfants qui malheureusement ne vécurent que quelques jours. Pour comble de malheur, son mari fut atteint, à quarante-cinq ans, d'une *affection de poitrine* qui le conduisit à la mort, après six mois de souffrances. Ce fut à cette époque que Mme E..., à la suite de grandes fatigues et de chagrins, que rien au monde ne pouvait calmer, vit petit à petit ses digestions se faire plus difficilement, plus péniblement : elle avait constamment le *cœur sur les lèvres ;* souvent elle vomissait, avec la plus grande facilité, un *mucus limpide et filant* qu'elle comparait à du blanc d'œuf, mais d'une aigreur extème. C'était le matin à jeûn que le vomissement avait lieu le plus fréquemment ; et, lorsque la malade ne vomissait pas, elle ne pouvait, ce jour là, prendre que peu de nourriture : au contraire, quand elle vomissait, elle mangeait davantage, quoiqu'elle sut, par expérience, que ses digestions seraient plus longues, plus pénibles, plus douloureuses.

Au lieu de combattre cette *irritation sécrétoire,* ou

pour parler plus médicalement, cette *hyperdiacrasie* de la muqueuse digestive par les moyens appropriés et par un bon régime, la malade ne rechercha et ne fit usage que d'aliments de haut goût et de boissons fortes, prises cependant avec mesure et même avec modération. Loin de diminuer, *l'hyperdiacrasie* augmenta de telle manière qu'il fallut consulter un médecin. Le docteur consulté fit subir à la malade, pendant trois mois consécutifs, un traitement plus apte à augmenter la marche de l'affection qu'à guérir la maladie.

Lasse de toujours souffrir, Mme E... vint prendre nos eaux qui, en 1835, avaient guéri sa mère d'une *gastrite chronique des plus graves*.

Etat de la malade à son arrivée à Vals. — La malade n'a pas sensiblement maigri, elle a conservé ses forces, qui à la vérité n'ont jamais été considérables ; elle vomit presque tous les matins à jeûn une grande quantité de suc gastrique d'une acidité extrême : seule, cette acidité rend le vomissement désagréable et pénible. Quand la malade ne vomit pas le matin, elle a le *cœur barbouillé* toute la journée ; ce jour-là aussi, elle a beaucoup moins d'appétit, et, si elle mange comme à son habitude, elle vomit facilement les aliments à moitié digérés. Pendant la nuit, elle est quelquefois réveillée par l'afflux dans la bouche de suc gastrique qui y arrive par simple régurgitation. La malade n'éprouve rien d'anormal du côté du cerveau, mais ses digestions sont d'une lenteur, d'une fatigue désespérantes ; rien ne les active; si ce n'est l'exercice auquel elle ne peut se livrer comme elle voudrait. Quelques éructations aigres, quelques borborygmes peu douloureux, quelques vents annoncent à la malade que la digestion est faite ou qu'elle est sur le point de s'accomplir.

Prescription. — Un bain alcalin entier tous les matins, après que la malade a pris, à demi heure d'intervalle l'un de l'autre, six verres d'eau de la Chloé. La malade en boit encore quatre verres à trois heures après midi à la source même.

Après le second bain la peau de la malade se couvre de petits boutons (gale des eaux), qui produisent une grande démangeaison, et qui ne lui permettent pas de faire usage des frictions alcalines que je lui avais recommandées d'une manière toute particulière.

Au bout de vingt-cinq jours de ce traitement, la menstruation, qui avait disparu depuis plus de six mois, se fit très bien, et la malade ne put, pendant les quatre jours que dura l'évacuation menstruelle, faire usage des bains, mais elle but quatre verres d'eau par jour de plus. Malgré cette *contrariété*, qui affecta douloureusement la malade, qui s'était crue pour toujours débarrassée de cette *vilenie*, la guérison se prononça franchement, et s'est depuis conservée entière et sans la moindre récidive.

REMARQUES.

Les médecins chimistes, dit M. Trousseau, attribuent la guérison de la dyspepsie acide à la combinaison des alcalis et du suc gastrique qui s'opère dans l'estomac ; il n'en est rien.

M. Poggiale prétend que les alcalis guérissent la dyspepsie acide parce qu'ils saturent les acides en excès. M. Devergie repousse cette théorie, sans cependant se montrer d'accord avec M. Trousseau. M. Devergie assure que les alcalis ne guérissent chimiquement que d'une manière secondaire ; que dans cette guérison les propriétés vitales, la vie conservatrice intervient et joue le rôle principal. Les alcalis interviennent cependant ; ils sont le point de départ de la guérison ; ils interviennent en saturant peu à peu les acides qui se sécrètent sous l'influence maladive de l'organe, et en remplaçant dans les conditions normales ces fluides qui étaient une cause incessante d'irritation, pour la membrane muqueuse ; de sorte que celle-ci, abritée de cette cause permanente d'irritation rentre peu

à peu dans son état naturel sous l'influence
de la vie conservatrice, de la santé.

En thèse générale, tous les produits morbides sont irritants pour des surface malades.
C'est en absorbant ou en expulsant ces produits
qu'on met ces surfaces malades dans des conditions favorables à la guérison ; mais on n'a
pas guéri, quand on a soustrait le liquide qui
entretenait la maladie et qui la perpétuait.
C'est la nature, c'est-à-dire la vie, les forces
vitales, comme vous voudrez les appeler, qu
opèrent la guérison. Ce n'est donc pas là
une guérison purement chimique, et cependant la chimie est intervenue pour sa part.
D'où la conséquence que ni l'une ni l'autre de
ces doctrines exclusives ne sont dans le
vrai, et qu'il faut bien peu de chose pour les
rapprocher. C'est ce juste milieu qui sait em-
prunter à chaque science les progrès, les don-
nées qu'elle peut nous fournir. Mais, au-dessus de toutes les sciences, comme au-dessus
de toutes leurs lois, la vie modifie, neutralise,
diminue ou accroît l'intensité de toutes ces
formes : et tandis que les lois de l'affinité,

de la lumière, du fluide électrique, de la pesanteur, sont immuables quand il s'agit de la
matière inerte, toutes ces lois sont modifiées,
annihilées quelquefois en présence de la vie,
et les mystères de la cornue sont bien pâles
en présence des mystères qui peüvent s'accomplir dans les organes.

C'est donc sous l'influence d'une modalité
nerveuse encore mal connue, que l'estomac,
dans la dyspepsie acide, secrète en trop grande abondance des acides. Ainsi, si les eaux,
si franchement alcalines de Vals, sont utiles
dans cette forme de dyspepsie, ce n'est pas
par une action directe sur l'estomac, c'est par
une action toute vitale et un peu chimique
qu'elles modèrent la sécrétion excessive des
sucs gastriques, comme elles modèrent et
suspendent, dans un temps plus ou moins
long, la sécrétion de l'acide urique chez les
individus affectés de gravelle. Il se passe en
pareil cas, pour les alcalis, ce qui se passe
pour le fer chez les femmes débilitées ou chlorotiques. Vous arrêtez les pertes de sang,
comme vous provoquez l'apparition des rè-

gles par le même moyen, et pourtant le fer
n'est ni un hémostatique ni un emménagogue,
mais il régularise la fonction menstruelle en
améliorant toutes les conditions de la santé.
M. Trousseau insiste beaucoup sur ce point,
parce qu'il importe, suivant lui, de ne pas
attribuer aux alcalis un rôle qu'ils ne remplissent pas, ni de les prescrire à outrance par
cela seul que l'estomac secrète des acides en
excès. Dans cette forme de dyspepsie, les
malades remplissent un quart de cuvette de
suc gastrique d'une acidité extraordinaire qui
agace les dents et forme dans les vases de cui-
vre des lactates nageant au milieu des mucus·
On a dit aussi que les acides étaient le produit de la transformation de la glycose en
acide acétique : mais, nourrissez exclusivement de viandes ces malades, et, ainsi qu'il
arrive dans les cas de production gazeuse,
les acides seront sécrétés souvent en plus
grande quantité que lorsque les mêmes individus se nourrissaient exclusivement de
pommes de terre et de sucre. Cela ne suffit
pas pour que l'on repousse ici l'hypothèse

d'une réaction chimique pure et simple, et pour que l'on adopte l'intervention d'une cause nerveuse déterminant, ainsi que l'ont démontré Graves et Berzélius, une sécrétion anormale et excessive d'acide lactique ?

Quoiqu'il en soit de ces théories, l'estomac, dans l'état normal doit sécréter des acides, c'est là une condition nécessaire de ses fonctions. Maintenant, cette sécrétion s'exagère-t-elle ? Il faut la combattre au moyen de l'emploi intérieur de nos eaux, si éminemment alcalines.

Le bicarbonate de soude qui prédomine dans les eaux minérales de Vals peut être envisagé comme l'élément essentiel de leur action. Les propriétés thérapeutiques de cette substance alcaline, son action directe et puissante sur les phénomènes intimes de la digestion, et en particulier sur les sécrétions des sucs gastrique, pancréatique et biliaire, sont trop connues par des particuliers pour que nous ayons besoin d'en faire ressortir toute la valeur. En effet, on sait aujourd'hui que le suc gastrique, par le principe acide et la

pepsine qu'il contient, dissout les substances
animales, et change le chyme en albuminose ;
on sait aussi que le suc biliaire, au moment
où l'estomac transmet au duodenum les aliments, arrête immédiatement leur fermenta-
tion, en précipitant la pépsine; on sait enfin
que le fluide pancréatique paraît avoir pour
usage d'émulsionner la graisse, et de la rendre absorbable par les vaisseaux lactés. Or,
il est facile de comprendre l'action que ces
trois agents peuvent avoir, en se mêlant dans
les voies digestives à ces divers liquides
pour en activer la sécrétion, pour en modifier la composition, et enfin pour provoquer
leur action physiologique.

Ces diverses propriétés, nos eaux les possèdent à un haut degré. Ceci est d'une observation journalière. En effet, j'ai pu constater que
les malades dont les fonctions digestives sont
depuis longtemps affaiblies, perverties, alors
surtout qu'elles ont besoin d'une stimulation
nécessaire à l'accomplissement de l'acte diges-
if, éprouvent de très bons effets de nos eaux.
ussi, les malades qui arrivent à Vals sans

appétit, avec un profond dégoût pour tous les aliments, éprouvent, dès les premiers jours, sous l'influence de nos eaux, une grande modification dans les facultés digestives ; et cette modification, qui agit dans un sens favorable, détermine une vive appétence pour les aliments en provoquant une action très directe et très puissante sur les phénomènes intimes de la digestion et, comme nous venons de le voir, sur les sécrétions gastriques, biliaires et pancratiques.

Avant de diriger sur Vals un malade atteint d'une affection chronique, il faut préalablement s'assurer, par tous les moyens que l'art met à notre disposition, si cette affection n'a pas dépassé la limite au-delà de laquelle l'organisme, irréparablement épuisé, n'est plus susceptible d'efforts capables de le relever.

Il est de toute évidence que nos eaux, loin d'être utiles, seraient nuisibles dans les maladies organiques. Elles n'ont — comme toutes les eaux minérales — qu'une seule chance pour guérir, c'est quand il y a seulement altération des fonctions, modification vicieuse dans leur accomplissement. Voilà leur tâche ; là se borne leur puissance ; elles réparent, mais ne refont point ; le pouvoir créateur est hors de leur domaine ; elles sont impuissantes, dangereuses même, quand une atteinte plus grave a vicié non plus seulement le mécanisme régulier de la vie, mais encore altéré plus ou moins profondément, dans sa substance, un organe essentiel à la vie.

Qu'il me soit permis de le dire en passant, c'est un point sur lequel quelques médecins agissent trop légèrement, parce que, n'ayant pas eu l'occasion d'observer *de visu* les effets des eaux minérales, ils n'attachent pas assez d'importance à leur mode d'action et n'y voient souvent que l'influence du climat, du voyage, des distractions, etc.

Le praticien qui dirige ses clients vers un établissement thermal quelconque, ne doit jamais oublier que c'est dans les affections, dont le résultat est toujours funeste, que les malades ont le plus besoin de ces soins attentifs, délicats, affectueux, de tous les instants, qu'on ne trouve qu'au sein de sa famille, et qui peuvent faire défaut autour des sources minérales. Adoucir leur position, calmer leurs douleurs, parer aux accidents qui peuvent survenir ; tâcher de leur rendre plus supportable la fin de leur existence, qui n'est souvent qu'un douloureux martyre, voilà le devoir de l'homme de l'art, c'est dans ces tristes circonstances qu'il doit trouver dans son cœur les ressources que lui refuse la médecine, devenue impuissante, en présence de désordres irrémédiables.

« Je ne connais rien de plus triste, observe fort judicieusement M. Dubois, que de mourir à cent lieues de sa maison, dans un hôtel, loin de ses parents, de ses amis, privé de tous ces soins, de toutes ces tendresses qui adoucissent les derniers moments de l'existence. »

Il importe donc, avant de nous envoyer des malades atteints d'affections chroniques, de s'assurer, par tous les moyens que l'art met à notre disposition, que ces affections peuvent trouver, dans notre station thermale, sinon leur guérison ou une amélioration marquée, du moins un peu de soulagement, un temps d'arrêt plus ou moins long.

DYSPEPSIE FLATULENTE.

Dans cette forme de dyspepsie il se produit dans l'estomac une grande quantité de gaz. La distension excessive qui en résulte détermine une sensation de malaise et de gêne, souvent accompagnée de picotements et de douleurs lancinantes dans la région épigastrique et dans les hypocondres. Le diaphragme est refoulé, les parois thoraciques n'exécutent plus que des mouvements incomplets et pénibles ; de là, des troubles plus ou moins profonds dans la circulation et dans la respiration, des bâillements, des pendiculations, de l'oppression, des étouffements et même, dans quelques cas, une dyspnée qui peut aller jusqu'à la suffocation.

La présence des gaz dans l'estomac se décèle par une résonnance tympanique et la percussion. Ces gaz, en se déplaçant dans la cavité abdominale, produisent des borborygmes, des gazouillements et différents bruits plus ou moins sonores. Après un séjour variable dans l'estomac, ils s'échappent, soit par le haut, soit par le bas ; mais ils se produisent souvent avec une promptitude et une persistance étonnantes ; leur expulsion est suivie d'un soulagement marqué, mais de courte durée. En général, ces renvois sont dépourvus d'odeur et de saveur ; quelquefois, cependant, ils prennent l'odeur et la saveur des matières contenues dans l'estomac.

Lorsque la dyspepsie, dit M. Trousseau, est constituée principalement par un énorme dégagement de gaz et des éructations acides, comme cela se voit fréquemment, chez les gastralgiques, les hysthériques, les hypocondriaques, les gros mangeurs, les vieillards, etc., on se trouve bien de l'administration des *alcalis*. — Puis viennent les eaux minérales, dont l'action est très efficace dans cette forme de dyspepsie. Celles qui conviennent le mieux ici, ajoute le savant professeur, ne sont plus les eaux de Vichy, de Vals, de Pougues, de Carlsbad : les eaux, peu minéralisées de

Plombières, de Bagnières de Bigorre doivent leur être préférées.

J'en demande bien pardon au célèbre professeur, mais je pense que si Vichy, Pougues, Carslbad possédaient une source comme Vals a l'avantage d'en avoir deux, les mêmes cures que l'on obtient à Plombières, à Bagnières de Bigorre se reproduiraient également dans ces stations thermales. Ce qui manque à Vichy, à Pougues, à Carslbad, c'est la Marie et la Saint-Jean de Vals.

L'eau de ces deux sources est, en effet, une eau acidule-gazeuse très peu minéralisée, puisqu'elle ne contient par litre qu'un gramme quatre cents milligrammes de matière saline, tandis que les eaux de Plombières et Bagnèires de Bigorre en contiennent, en moyenne, plus du double.

Je l'ai déjà dit et je ne saurais trop le répéter, l'eau de ces deux sources comme eau de table, comme eau de préparation à l'usage de nos eaux alcalines est sans rivale en France et même à l'étranger. Quelle eau est plus gazeuse ? Quelle eau est moins minéralisée ? Quelle eau est plus limpide ? Quelle eau est plus suavement délicieuse ? Aussi, que de dyspepsies flatulentes anciennes, qui avaient résisté à tous les moyens qu'on leur avait opposés, n'ai-je pas vues guéries ou profondément modifiées par l'usage interne des eaux de la Marie, alors surtout que l'on employait simultanément les bains et les frictions générales avec l'eau de la Chloé.

Les faits parlent toujours plus haut que les subtilités : voici des faits.

9e OBSERVATION.

Dyspepsie flatulente. Un propriétaire aisé du département de Vaucluse, à la suite d'une longue et douloureuse gastralgie qui avait exigé un traitement persévérant et très coûteux, se rendit à Vals en 1857.

Ce malade, d'une bonne constitution, d'un tempérament nerveux, d'une sensibilité exagérée, était atteint d'une dyspepsie flatulente depuis deux ans. Il avait mis en usage, sans jamais obtenir d'amélioration durable, tous les moyens qu'on oppose à cette pénible et désagréable affection, la magnésie, le quassia amara, le quina, sous toutes les formes, le bismuth, etc.

État du malade à son arrivée à Vals. Ce malade

éprouve une *sensation continuelle de pesanteur à l'estomac*. A peine a-t-il mangé, qu'il se produit dans cet organe des gaz en quantité énorme. Le ventre se gonfle outre mesure; ces gaz, bien souvent, ne peuvent franchir, ni le cardia, ni le pylore. Cet état est insupportable, il se renouvelle après l'ingestion de plusieurs aliments d'une nature différente, et surtout de ceux qui sont doux et sucrés : il s'aggrave par l'administration des calmants, des délayants, et surtout des anti-phlogistiques : il diminue par l'usage des toniques, pris dans la catégorie des amers, aidé d'une alimentation substantielle, réparatrice et secondée d'une bonne hygiène, par les voyages, les distractions, et surtout par l'oubli des chagrins domestiques.

Le malade est maigre, défait, sans appétit, il ne mange qu'à regret, parce qu'il sait, par expérience, que le travail de la digestion augmente ses souffrances. En effet, à peine a-t-il mangé, que les éructations se succèdent avec une telle fréquence que, selon le dire du malade, *l'une n'attend pas l'autre*, tandis que de douloureux borborygmes parcourent les intestins avec rapidité et viennent *se faire jour* par l'anus : ce malaise dure deux ou trois heures.

Quand ce malade avait trop mangé, ou qu'il avait pris des aliments de difficile digestion ou contraires à la susceptibilité de son estomac, les gaz se ramassaient dans le *ventricule* et y produisaient des douleurs considérables, tant qu'ils n'en étaient pas expulsés.

Pendant huit jours, je mis ce malade à l'usage de l'eau de la Marie pure, à dose modérée, et par demi-verre. Le malade prenait un bain alcalin et en sortant du bain, il se pratiquait sur tout le corps, au moyen d'un linge un peu rude, de longues et nombreuses frictions.

Sous l'influence de ce traitement, une amélioration bien sensible se manifesta et vint, à propos, donner au malade l'espoir d'un soulagement inespéré.

Pendant huit jours encore, le malade fit usage de la Marie, mais au lieu de la prendre par demi-verre, il en buvait six grands verres le matin et quatre le soir au sortir du bain, et après s'être frictionné fortement. A compter de cette époque, c'est-à-dire après une quinzaine de jours de traitement, le malade n'avait que quelques rares éructations, sans sonorité, mais il conservait à un degré assez prononcé l'odeur des aliments qu'il avait pris la veille ou le jour même : l'appétit se faisait vivement sentir, les digestions se régularisaient, les borborygmes, les vents étaient moins fréquents, etc. etc. Après dix jours de l'usage de la Chloé, que le malade trouvait délicieuse, et l'emploi des bains alcalins avec l'eau de cette même source, précédé et suivi des frictions avec un linge trempé dans cette eau, la santé était parfaite.

Comptant trop sur sa guérison, qu'il croyait radicale, et oubliant les recommandations que je lui avais faites, ce malade, à la suite de l'usage d'une nourriture trop grossière et de quelques chagrins domestiques, s'aperçut, neuf mois après avoir quitté Vals, que son affection revenait.

Le malade se mit à un régime plus nourrissant, et me demanda trente bouteilles d'eau de la Chloé, il fut soulagé, mais non guéri. Il est venu cette année compléter sa guérison en employant les mêmes moyens. J'ai reçu des nouvelles de cet intéressant malade; sa santé est parfaite.

DYSPEPSIE. — HYPOCONDRIE.

L'on est trop peu d'accord sur la nature de l'hypocondrie pour que nous cherchions à donner ici une définition, à la fois courte et bonne, de cette affection.

Pour Galien, l'hypocondrie est une simple variété de la mélancolie.

« Il y a chez certaines personnes, dit Cullen, un état de l'âme qui se reconnaît par le concours des circonstances suivantes : une langueur, une indifférence ou un défaut de résolution, d'activité pour toute espèce d'entreprises; une disposition au sérieux, à la tristesse, à la crainte que tous les évènements à venir ne se terminent malheureusement ou de la manière la plus fâcheuse : c'est pourquoi les soupçons les plus légers donnent souvent lieu, dans ce cas, de redouter un mal considérable. Ces sortes de personnes sont particulièrement attentives à l'état de leur santé ; le moindre changement de sensations qu'ils éprouvent dans leur corps suffit pour les occuper sérieusement ; et toute sensation extraordinaire, quelquefois la plus légère, leur fait redouter un grand danger et la mort même. Leur croyance et leur persuasion sont communément des plus opiniâtres relativement à ces craintes. »

Pour MM. Falret, Georget, Dubois (d'Amiens), etc., l'hypocondrie consiste dans une inquiétude déraisonnable et constante sur la santé. Selon ces trois auteurs, l'hypocondrie n'aurait qu'un point de départ et qu'un symptôme spécifique, la *déraison*, ou mieux, le *délire* de la *conservation*.

Peu indulgent envers les malheureux hypocondriaques, M. Dubois pense que l'hypocondrie, dans son origine et considérée sous

un certain point de vue, « n'est qu'une passion, et la plus égoïste de toutes les passions,
puisque les hypocondriaques ne s'occupent
que d'eux-mêmes, et qu'ils veulent que tout
le monde s'occupe d'eux : ce qui rend leur
commerce insupportable.

Avec M. Barras, nous répondrons à cet
acte d'accusation immérité : Eh ! guérissez-
les de leurs souffrances physiques, rétablissez
leur système nerveux dans l'état normal, et
ils ne vous fatigueront plus de leurs plaintes.»

Suivant M. Michéa, l'hypocondrie n'est autre chose qu'une des nombreuses espèces de
la monomanie triste, ou lypémanie, qui consiste dans une *médilation exagérée sur le
mal physique, sur l'élat de son corps, sur
sa propre santé;* en d'autres termes, dans
la terreur extrême d'être affecté d'une maladie
qu'on juge dangereuse, incurable, susceptible
de conduire au tombeau.

D'après cet auteur, l'hypocondrie serait
donc un *délire partiel* caractérisé par une
préoccupation constante, par un *soin continuel de la santé;* ce qui fait que celui qui en

est atteint suit avec anxiété la marche de sa maladie, soi-disant dangereuse, grave, mortelle, et s'évertue, se torture l'esprit pour en trouver le remède.

Selon M. Bésuchet, l'hypocondrie est une *déviation* plutôt qu'une *surexcitation* de la sensibilité extra-organique, ou mieux une *exaltation* dans les facultés de sentir, et une *perversion* dans celle d'analyser les sensations perçues.

Cet auteur ne croit pas à l'hypocondrie *essentielle*, c'est-à-dire à l'hypocondrie comme type de maladie.

D'après M. James, l'hypocondrie est un état morbide caractérisé par une préoccupation excessive et presque constante de la santé.

On le voit, un dérangement quelconque dans l'exercice des fonctions organiques accompagné d'un sentiment habituel de tristesse, de chagrin, de désespoir suffit pour constituer l'hypocondrie du plus grand nombre des auteurs.

Quel est le siége de l'hypocondrie ?

Gallien, Cullen, Cabanis, Louyer-Villermay, Broussais, Barras, Johnson, Bésuchet, etc., le placent dans les organes digestifs. Pour ces auteurs célèbres, les sensations qu'éprouvent les hypocondriaques ne sont que des phénomènes sympathiques d'une maladie de l'estomac, du foie, de la rate, de l'utérus, de la vessie, etc., ou du système nerveux de ces organes.

Galien pensait que l'hypocondrie consistait dans la viciation des humeurs sécrétées par le foie, la rate, etc., et par les qualités acides ou alcalines de l'estomac.

L'hypocondrie, dit Cullen, est toujours réunie à la dyspepsie : les symptômes qui constituent son caractère particulier et qui la distinguent de la dyspepsie sont la langueur, la tristesse et la crainte, dont sont affectées les personnes d'un tempérament mélancolique sans aucune cause rationelle. »

Il est notoire, dit l'immortel Cabanis, — en parlant de l'hypocondrie — que dans certaines dispositions des organes internes, et notamment des *viscères du bas-ventre,* on est plus ou moins capable de sentir ou de de penser. Les maladies qui s'y forment changent, troublent et quelquefois intervertissent l'ordre habituel des sentiments et des idées. Des appétits extraordinaires et bizarres se développent ; des images inconnues assiégent l'esprit ; des affections nouvelles s'emparent de votre volonté ; et, ce qu'il y a peut-être de plus remarquable, c'est que souvent alors l'esprit peut acquérir plus d'élévation, d'éclat (1), d'énergie, et l'âme se nourrir d'affections plus touchantes ou mieux dirigées.

Buffon rapporte qu'un curé, devenu hypocondriaque par suite d'une chasteté rigoureuse, acquit, pendant sa maladie, des talents qu'il n'avait pas. Il devint peintre et musicien. En guérissant, ce prêtre vit s'évanouir une grande partie des facultés merveilleuses que sa maladie avait fait éclore.

---

(1) L'auteur que nous citons a vu des femmes acquérir, dans leurs accès de vapeurs, une pénétration, un esprit, une élévation d'idées, une éloquence qu'elles n'avaient pas naturellement.

« On est étonné de la puissance que la volonté donne à certains hypocondriaques, des efforts qu'ils peuvent faire, des épreuves de toute sorte qu'ils sont capables de supporter. Rien n'est plus admirable que *cet état nerveux*, quand il est au service d'une bonne tête et d'un bon cœur. J'en ai connu des exemples prodigieux. Il faut que j'ajoute aussi que là où manquent la tête et le cœur, cet *état nerveux* est une des misères les plus tristes qui affligent l'espèce humaine. Alors la raison ne réprime rien, ne corrige rien, ne gouverne rien : les affections sont nulles, et toute la machine n'est plus conduite que par un sensualisme dégoûtant dans l'état de santé, et par un égoïsme déraisonnable dans l'état de maladie. » (SANDRAS.)

Cette peinture nous paraît exacte, et nous n'y ajoutons qu'un mot, c'est que les hypocondriaques, étant des gens malades, ce sont particulièrement les derniers traits qui leur sont applicables, surtout si on les adoucit un peu.

Par sa grande influence sur toutes les parties du système nerveux, et notamment sur le *cerveau,* l'estomac peut souvent faire partager ces divers états à tous les organes. En effet, la vive sensibilité, la mobilité, la faiblesse du centre phrénique, sont constamment accompagnées d'une énervation plus ou moins considérable des organes moteurs, et par conséquent les idées et les affections morales doivent présenter tous les caractères résultant de ce dernier état.

Mais, comme l'action immédiate de l'estomac sur le cerveau est bien plus étendue que celle du système musculaire tout entier, il est évident que ses effets seront nécessairement beaucoup plus marqués et plus distincts. Toute attention deviendra fatigue : les idées s'arrangeront avec peine, et souvent elles resteront incomplètes ; les volontés seront indécises et sans vigueur, les sentiments sombres et mélancoliques. Du moins, pour penser avec quelque force et quelque facilité, pour sentir d'une manière heureuse et vive, il faudra que l'individu sache saisir ces alternatives d'excitation passagère qu'amène l'inégal emploi des facultés. Car la mauvaise distribution des forces, commune à toutes les affections nerveuses, est spécialement remarquable dans celles dont *l'estomac est le siège primitif*.

L'observation nous apprend que les sujets, chez lesquels la sensibilité et les forces de l'estomac se trouvent considérablement altérées, passent continuellement et presque sans intervalles d'une disposition à l'autre. Rien n'égale quelquefois la promptitude, la multiplicité de leurs idées et de leurs affections, mais aussi rien de moins durable ; ils sont agités, tourmentés ; mais à peine leurs idées et leurs affections laissent quelques légers vestiges. Le temps de rémission vient ; ils tombent dans l'accablement, et la vie s'écoule pour eux dans une succession non interrompue de petites joies et de petits chagrins, qui donnent à toute leur manière d'être un caractère de puérilité d'autant plus frappant qu'on l'observe souvent chez des hommes d'un esprit d'ailleurs fort distingué (1).

_____

(1) « Je suis accessible aux plus petites passions ; je

4.

« C'est ainsi que des médecins qui ne crai-
gnaient pas d'ouvrir la veine, ont peur de
faire une saignée, et s'en dispensent quelquefois en ordonnant une application de sangsues ; que des ecclésiastiques qui n'hésitaient

---

m'afflige sérieusement d'une simple contrariété et de
plus petit malheur domestique ; les plus minces détails
de la vie m'occupent, m'agitent, ainsi que pourraient
le faire les plus grands intérêts. J'éprouve un sentiment
pénible d'existence, un découragement profond. Tout
ce que je puis avoir d'expansif, de bienveillant, de généreux dans le caractère, est étouffé. Je suis désintéressé de moi-même et des autres ; rien ne me touche
plus ; rien ne peut exciter l'activité de mon âme, qui ne
se reconnaît un reste d'énergie que par le sentiment
douloureux de sa nullité, de son insuffisance et d'une
véritable force morale. »

« Cette situation se prolonge quelquefois pendant
plusieurs jours. Que l'indisposition qui l'occasionne se
dissipe, une autre série de sentiments et d'idées s'éta-
blit sans nul effort de ma volonté, et cette atmosphère
de tristesse, ces sombres vapeurs qui m'environnaient,
se dissipent aux premiers moments d'un beau jour,
comme les couleurs rembrunies du ciel devant les
rayons du soleil qui apparaissent après un orage. »

(MOREAU DE LA SARTHE)

point à prêcher, à confesser et à dire la messe,
redoutent ces fonctions, et voudraient qu'on
les en dispensât ; que les acteurs, qui avaient
du plaisir à jouer la comédie, tremblent lorsqu'ils sont obligés de paraître sur la scène ;
que des avocats qui plaidaient sans crainte,
n'osent plus parler en public. » (BARRAS.)

« Un hypocondriaque avait, dit Louyer-
Villermay, consacré un appartement tout entier à recevoir les vases où il déposait son
urine ; il les passait très souvent en revue, et
semblait juger, à la couleur et à l'odorat, de
leurs qualités morbides.

« L'hypocondrie, assure M. Louyer-Villermay, est une affection éminemment nerveuse
qui paraît consister dans une irritation ou
une manière d'être particulière du système
nerveux, et principalement de celui qui *vi-
vifie les organes digestifs*. Les symptômes
essentiels sont nombreux. *Le plus souvent,
trouble et lenteur des digestions,* sans indi-
ces d'une lésion locale : flatuosités, borborygmes, exaltation de la sensibilité générale,

spasmes variés, palpitations, illusions des
sens, et surtout de la vue et de l'ouïe (1). »

Pour l'immortel auteur de *l'histoire des
phlegmasies*, l'hypocondrie résulte d'une gastrite chronique. La tristesse est dans cette
maladie un effet de l'influence exercée sur le
cerveau secondairement irrité par l'estomac
malade. Broussais est donc une nouvelle au-

---

(1) Lorry a connu un hypocondriaque qui entendait,
pendant qu'il était au lit, le murmure d'un torrent ;
il parle encore de deux femmes que le moindre bruit
faisait tomber en syncope. Barras rapporte l'observation d'un ecclésiastique qui ne pouvait entendre tous-
ser quelqu'un ni chanter un coq sans être pris de
mouvements convulsifs.

Georget a connu des malades qui entendaient, au
sein d'un profond silence, le murmure d'un ruisseau,
d'autres disaient que leur corps était un foyer ardent ;
leur sang, une huile bouillante ; leurs nerfs, des char-
bons embrasés ; d'autres enfin qui assuraient avoir le
cerveau noué, pâteux, aplati, encloué, somnoleux,
vide, plein, sec, aqueux, frémissant, pierreux, etc.

J'ai connu un riche paysan célibataire qui croyait
avoir un serpent dans l'estomac. Souvent ce reptile se
mettait en colère et poussait des sifflements aigus,
qui fatiguaient extraordinairement ce malade.

torité en faveur de l'opinion qui place l'hypocondrie dans quelqu'un des organes des régions hypocondriaques.

L'observation, assure M. Barras, prouve
que l'hypocondrie *part plus souvent du ca-
nal digestif* que de toute *autre partie du
corps*. Dans la plupart des cas, cette origine est même si facile à reconnaître, qu'il
est impossible de la révoquer en doute ; c'est
lorsque les symptômes hypocondriaques sont
précédés d'une gastralgie évidente, et quand
ils se développent en même temps que cette
névrose.

Le siége primitif de l'hypocondrie, sans
douleur ni malaise à l'épigastre et sans dérangement des digestions, doit être recher-
ché ailleurs que dans les premières voies.

On le trouve ordinairement dans le foie,
et quelquefois dans le cœur, les poumons,
les plexus ou ganglions du trisplanchnique,
l'appareil urinaire, les parties génitales et
surtout dans l'utérus. L'état de grossesse
(1) faisant jouer à la sensibilité morbide de

---

(1) Toutes ces affections peuvent, en effet, irriter

l'estomac le rôle que les médecins physiolo-
gistes faisaient jouer à la gastrite, Johnson,
médecin anglais d'un grand mérite, soutient
que cette sensibilité est le point de départ de

---

sympathiquement toutes les autres parties du corps,
notamment l'encéphale et rendre hypocondriaques les
personnes qui en sont atteintes. Wilis a connu plusieurs individus qui avaient une hypocondrie de ce genre, car leur estomac était en assez bon état, et ils digé-
raient facilement; c'est-à-dire sans incommodités ni
pesanteurs épigastriques, sans crachotements, ni renvois acides, quoiqu'ils se plaignissent de pulsations dans
l'hypocondre gauche, d'une gène et d'une douleur vague
dans la poitrine, d'oppression et de battements de cœur,
et que leur imagination fut troublée par des craintes
continuelles.

Johnson lui-même dit : « Bien que les symptômes
hypocondriaques *suivent fréquemment la dyspepsie,*
cette dernière affection n'est pas nécessairement jointe
à l'hypocondrie. Chez deux malades que j'ai récem-
ment soignés, et qui offraient de parfaits modèles de la
maladie hypocondriaque, l'appétit était bon, les évacuations naturelles, et l'estomac n'était gèné par aucune
douleur, aucune flatuosité, aucun symptôme dyspeptique. »

toutes les affections hypocondriaques , et qu'elle peut les occasionner sans se montrer elle-même par le moindre trouble des fonctions digestives.

M. Bésuchet qui a analysé, avec autant de succès que de précision les symptômes et les causes de l'hypocondrie, ne croit pas à *l'hypocondrie essentielle ;* c'est à l'hypocondrie comme type de maladie. Selon cet auteur, l'hypocondrie est toujours le symptôme d'une lésion fonctionnelle ou organique de quelque viscère de l'abdomen. Cette affection serait *toujours liée à quelque maladie des organes digestifs ;* on la verrait surtout se manifester lorsqu'il y a de la constipation, soit par suite de l'altération, ou le défaut de sécrétion du fluide biliaire ou pancréatique, soit par suite de l'absence du mucus sécrété par les follicules de la membrane séreuse. Les intestins sont alors dans un état de sécheresse qui s'oppose au libre parcours de la masse alimentaire dans les circonvolutions intestinales. On voit, en effet, rarement l'hypocondrie liée à la diarrhée.

Je n'en connais aucun cas. J'ai même observé que lorsque nos eaux pouvaient détruire la constipation, l'amélioration ne se faisait pas longtemps attendre.

MM. Falret, Georget, Dubois (d'Amiens), Andral, Bouillaud, Brachet, Piorry, Rostan, etc., etc., font de l'hypocondrie une *affection cérébrale*, un *travers d'esprit*. Toujours, d'après les mêmes auteurs, c'est dans le cerveau, instrument de l'âme, que se passe la lésion matérielle, ou la simple erreur de jugement.

D'après M. Foville, cette opinion avait déjà été énoncée ; mais elle n'avait jamais été développée et accréditée que depuis quelques années.

Toujours d'après le même auteur, l'hypocondrie ne débuterait pas constamment par une simple erreur sur l'état de la santé. Il n'est pas rare, en effet, qu'une indisposition ou que la maladie très réelle de quelque organe, soit le *cerveau*, *l'estomac*, le *foie*, la *rate*, *l'utérus* devienne cause occasionnelle, immédiate, concommitante de l'hypocondrie.

Selon Joseph Frank, l'hypocondrie est une *affection nerveuse générale, partant néanmoins des ganglions du bas-ventre, des plexus cardiaques et du cerveau :* affection qui ne peut être démontrée par le scalpel de l'anatomiste, et dans laquelle le *sens universel interne* est tellement lésé, qu'il transmet les impressions morbides au *sensorium commun.* Cette lésion fait que le malade reçoit suivant les changements qui se passent dans son corps, des notions fausses et désagréables, qu'il cherche à corriger ; mais il ne peut en venir à bout, parce que les sens extérieurs ne lui sont d'aucun secours lorsqu'il s'agit des objet internes, et que l'imagination est viciée. La maladie augmentant, surtout dans le *cerveau,* les *viscères* qui en reçoivent leurs nerfs, et notamment *l'estomac, le foie, la rate, les intestins, le cœur, l'utérus* perdent leur tonicité, et remplissent mal leurs fonctions. Il peut arriver qu'ils *se corrompent* et qu'une maladie, dont les phénomènes sont déjà très embrouillés, prenne encore des caractères beaucoup plus graves.

Comparratti, Barbier (d'Amiens), ont avancé que l'hypocondrie, tenait constamment a une inflammation des plexus.

Ces deux auteurs auraient reconnu que les ganglions splanchniques, principalement le semilunaire, sont, dans la pluralité des cas, très petits, dégarnis de graisse, recouverts d'une enveloppe à peine rougeâtre, ferme et rugueuse; que leur tissu blanc est dépourvu de stries sanguines; que leur partie rouge est contractée, grêle et constante; que leur substance jaune est ferme, mince et de couleur cendrée; que les cordons nerveux qui sortent de cette substance offrent la même couleur.

Pouvons-nous à présent nous prononcer entre les opinions rivales qui se disputent le siége de l'hypocondrie, et déterminer, d'une manière rigoureuse, si c'est décidément *l'estomac* ou le *cerveau* qui est malade?

Je ne le pense pas.

D'ailleurs cette importante question mériterait, pour être traitée convenablement, des développements considérables, et ce n'est pas ici le lieu, ni l'heure de les discuter *ex professo*. Qu'il me suffise d'avoir brièvement indiqué les opinions des auteurs, et de répéter à nos confrères, ce que probablement ils savent mieux que moi : *c'est qu'en médecine, les idées exclusives sont presque toujours erronées, notamment sur les névroses, et plus particulièrement sur l'hypocondrie.*

L'affection qui nous occupe est une de celles dans lesquelles on obtient les résultats les plus favorables par l'usage multiple de nos eaux. Il est bien entendu que nous ne parlons pas ici de cette hypocondrie qui *frise* l'aliénation mentale, mais de cette hypocondrie, *cum materie*, comme le disaient les anciens, qui a son origine dans les affections abdominales, et peut, par conséquent, être appelée consécutive, sympathique.

« L'hypocondrie est une maladie de tous les temps, de tous les pays, qui se manifeste dans toutes les saisons et par toutes les températures, commune à l'un et à l'autre sexe, mais qui n'affecte indistinctement ni tous les âges, ni toutes les classes de la société.

C'est parmi les hommes de lettres, les citoyens livrés aux travaux assidus du cabinet, les poètes, parmi les littérateurs les plus distingués, et surtout au milieu des personnes douées de l'imagination la plus ardente ou de la plus vive sensibilité, qu'elle choisit de préférence ses victimes. Cette observation n'a point échappé aux anciens. Aristote assure que tous les grands hommes de son temps étaient hypocondriaques. *Non est magnum ingenium sine mixtura dementiæ* (1).

Le Dante, le Tasse, Michel-Ange, Pascal, Racine, Jean-Jacques Rousseau, Gilbert,

---

(1) Selon le docteur Lelut, Socrate était fou, Pascal, l'immortel Pascal, était fou, Jeanne d'Arc était folle ; et cela parce que Socrate entendait un démon qui lui parlait à l'oreille ; que Pascal portait un papier cabalistique cousu dans la doublure de son habit, que Jeanne faisait de temps en temps la conversation, sous la coudrette, avec l'ange Gabriel. Il s'est même trouvé un docteur qui a soutenu que l'inspiration, chez l'homme de génie, n'est autre chose qu'une maladie du système nerveux.

Ce qui doit consoler la médiocrité, c'est la certitude de jouir d'une bonne santé.

Cooper, Byron, Lamenais, etc. etc., étaient de sublimes hypocondriaques.

C'est l'hypocondrie, dit Samuel Waren, qui a peuplé les cellules d'anachorètes, dicté la plupart des systèmes de phylosophie ascétique; fondé l'inquisition, allumé les bûchers, et prêté à la muse quelques-uns de ses plus sublimes accents.

Janus, on le sait, a deux faces, l'une jeune, l'autre vieille, l'une riante, l'autre triste. L'hypocondrie ressemble beaucoup à ce Dieu de la fable; elle se présente à l'observation sous un point de vue tour à tour sérieux et triste, comique ou tragique. Dans les sujets phlegmatiques ou mélancoliques, c'est une tristesse profonde, un dégoût de la vie, un penchant aux idées sombres et aux partis désespérés. Cette maladie s'empare-t-elle d'un sujet sanguin ou bilieux, d'un tempérament vigoureux ou ardent? Tout change; à la place des rêveries sombres vous trouvez, pour symptômes de la même affection, les chimères les plus incroyables et les hallucinations les plus drôles.

Si vous essayez de les détromper, ils vous
haïssent. Conséquents avec eux-mêmes, ils
tirent d'un principe faux, absurde, des con
clusions logiques. Aussi, tous ceux qui entourent les hypocondriaques, ou qui sont char-
gés de leur donner des soins, ne doivent jamais oublier ce que dit l'illustre Baglivy: «
Quoiqu'au premier aspect, assure ce grand
praticien, l'hypocondrie paraisse pernicieuse
et incurable, les malades de cette espèce
guérissent d'ordinaire assez facilement, non
point par des médicaments en abondance,
mais par d'agréables entretiens, avec des
amis, des innocents plaisirs champêtres,
l'exercice fréquent du cheval, et un genre
de vie tracé par un médecin sage. »

« Beaucoup de ces malheureux, dit M.
Fleury, résistent à tous les efforts que l'on
tente pour les détourner de la voie déplora-
ble dans laquelle ils sont engagés, ou vous
échappent au moment où l'on croit être enfin
parvenu à leur faire comprendre le langage
de la raison. N'était d'ailleurs les sentiments
d'humanité et de pitié qu'inspirent ces pau-

vres monomanes (1), le médecin n'a ni à désirer, ni à regretter les malades qui ne lui donnent que bien rarement des sujets de satisfaction, capable de compenser les peines, les soins, les ennuis, les déceptions qu'ils lui causent. »

Avec eux pas d'autre sujet de conversation (11) possible que *la maladie;* ils n'ont d'autre

---

(1) Quel médecin ne reconnaît le malade dont il a subi la personne ? C'est le propre, en effet, de l'hypocondriaque de faire peser, sur tous ceux qui l'entourent, une partie de l'ennui et du tourment qui l'obsèdent, et les médecins sont condamnés, autant que les membres de la famille, à supporter les accès de sa mauvaise humeur. Ne sommes-nous pas forcés chaque jour d'entendre le récit d'interminables souffrances imaginaires et de lutter, sans espoir de succès, contre des maux qui n'existent point, bien que les malheureux qui s'en plaignent souffrent cruellement ?

(11) Il est un grand nombre d'hypocondriaques, de sujets pusillanimes, exclusivement préoccupés de leur personne, de leur santé, *de la crainte de la mort,* qui ont tous les jours une maladie nouvelle dont ils entretiennent toutes les personnes qu'ils rencontrent : femmes, enfants, domestiques, passants ; qui succes-

occupation, d'autre pensée que celle de s'examiner, de se scruter, de se tâter, de se pal-
per, de considérer leur teint, leur langue,

---

sivement ou simultanément consultent vingt médecins
différents et passent incessamment d'une médication
à l'autre. Que de patience il faut ! Que de courage, pour
écouter tous les discours, toutes les doléances, toutes
les absurdités que débite le malade à chaque instant
du jour ! S'il prend un rhume, s'il tousse une fois, il
est *phthisique* ; s'il a un engourdissement dans un
membre, il est affecté d'une maladie de la moelle et
il va devenir paralytique; car la perspective de l'avenir ne le préoccupe et ne l'effraye pas moins que le
tableau du présent ; si ses urines sont troubles, voilà
une spermatorrhée qui le conduira au tombeau ; si elles
sont claires, c'est un diabète ! Et la carie des os ! Et
les cancers imaginaires ! Et la syphilomanie !

Pour rassurer ces malheureux, le médecin est obligé
de faire appel aux meilleures inspirations de son intelligence et de son cœur, de son habilité et de son humanité. Un jour, il faut écouter le nosomane avec patience, compâtir à ses souffrances imaginaires, lui en
laisser paisiblement dérouler le tableau, le prendre par
la douceur; le lendemain il faut, dès le premier mot,
couper court à ses divagations, le dominer par la raison et lui faire sentir le joug de l'autorité. (FLEURY.)

leurs urines, leurs digestions ; ils enregistrent et analysent toutes les sensations qu'ils éprouvent, les plus légères, les plus fugaces, les plus insignifiantes, et les érigent en symptômes graves dont ils veulent, à toute force, qu'on leur dévoile les causes.

« Un jour, aurait dit un homme d'état, nous étonnerons le monde par notre ingratitude ; si les médecins pouvaient encore être étonnés par une ingratitude quelconque, ils le seraient par celle des hypocondriaques.

Il est d'observation que l'hypocondrie se montre beaucoup plus fréquemment parmi les hommes que parmi les femmes ; « d'après les observations du Dr Fleury, le rapport serait au moins : : 10 : 1 — Ce fait m'a inspiré souvent des réflexions un peu humiliantes pour notre sexe ; — Le sexe fort ! (1)

---

(1) Les femmes sont de beaucoup moins sujettes à l'hypocondrie que les hommes ; et, il faut le dire à leur louange, c'est que, dominées par les qualités affectives, elles vivent davantage hors d'elles-mêmes, ou dans les objets extérieurs de leurs affections. D'ailleurs l'hystérie à laquelles elles sont seules exposées fait plus

Il résulte des observations de tous les auteurs qui se sont spécialement occupés de l'hypocondrie, que les affections morales, les passions déréglées et les excès dans les travaux intellectuels sont les causes les plus communes et les plus fréquentes de cette maladie. Ainsi, les troubles du cœur, les peines de l'âme, le dérèglement des passions, les chagrins, les contrariétés, les emportements, la jalousie, l'abus des plaisirs vénériens et l'onanisme, sont, d'après M. Barras, de toutes les affections morales et des passions désordonnées celles, qui produisent l'hypocondrie,

---

que compenser cette immunité dans le partage inégal en leur faveur, des souffrances humaines.

On a été jusqu'à chercher à rapprocher, voir même à identifier l'hypocondrie et l'hystérie, la différence du sexe, a-t-on dit, faisant seule la différence du nom donné à un même état morbide.

J'ai pu, en maintes circonstances, m'assurer que l'état hystérique prédominait chez la jeune femme, et l'état hypocondriaque chez la femme parvenue à cette époque où la vitalité spéciale de l'utérus avait diminué ou s'était éteinte.

dont les voies digestives sont le point de départ.

Piquet, Comparatti, Johnson, etc, insistent sur les causes morales et sur le dérèglement des passions, bien plus que sur toutes les autres causes.

« L'irrégularité des menstrues, la suppression du flux hémorroïdal ou d'une autre hémorrhagie habituelle, les saignées générales et locales trop copieuses ou trop souvent répétées, les autres pertes abondantes de sang, les fleurs blanches, la chlorose, l'état de grossesse, la lactation de longue durée, l'ingestion des boissons froides, le corps étant en sueur, la compression prolongée de l'estomac par l'inflexion du thorax sur l'abdomen (1), le passage d'une vie active à une vie sédentaire, peuvent la produire. » (BARRAS.)

Piquet et Johnson partagent pleinement l'avis de Barras. J'ai pu, moi-même, m'assurer,

---

(1) Selon Tissot et Comparatti, auxquels il faut ajouter M. Fleury, cette compression et la vie sédentaire contribuent autant que les concentrations d'esprit, aux douleurs d'estomac qui affligent les gens de cabinet.

dans d'assez nombreuses circonstances, de la véracité des assertions de ces trois auteurs.

Lorry pense que chez les jeunes filles, l'hypocondrie tient fréquemment à la suppression ou au retard du flux menstruel.

Les lecteurs me sauront gré, je l'espère, de leur faire connaître les phénomènes aussi nombreux que variés que M. Georget donne comme propres à l'hypocondrie.

Les hypocondriaques ressentent des douleurs violentes plus ou moins étendues, des malaises, des chaleurs, des pesanteurs, des serrements, des compressions, des fourmillements, des battements, des frémissements; ils entendent, dans l'intérieur du crâne, des bruits singuliers, des sifflements, des détonations, de la musique, le murmure d'un ruisseau... Le sommeil est le plus souvent difficile, interrompu par des réveils en sursaut... Quelques malades ne dorment jamais; quelques-uns dorment assez bien. — Ils éprouvent quelquefois au col des serrements spasmodiques, des sentiments d'étranglement, etc... Ils sont quelquefois pris de constriction du

thorax, d'oppression, de dyspnée, de suffocation, d'étouffement. Ils ne peuvent supporter
les vêtements qui serrent la poitrine : on en
voit même à qui le poids d'un drap seul cause
des angoisses insupportables. Presque tous,
pour ne pas dire tous, éprouvent des palpitations du cœur plus ou moins violentes,
quelquefois douloureuses ; le pouls est très
variable.

Le conduit alimentaire présente la langue
naturelle, quelquefois une excrétion abondante de salive, souvent une digestion lente,
douloureuse, avec un sentiment de chaleur
et de gonflement à l'épigastre, des rapports
acides, des rots, des angoisses..., des vomissements, et à la fin des gargouillements
et des borborygmes... L'appétit est variable,
la soif rarement considérable..., la constipation habituelle, l'urine souvent tenue et
limpide (1). Ces malades sont sujets aux hé-
morrhoïdes. Le flux menstruel est régulier,

---

(1) M. Vauquelin a constaté, dans l'urine des hypocondriaques, la présence de l'acide rosacique.

dans beaucoup de cas irrégulier difficile ou
supprimé, dans beaucoup d'autres. Beaucoup
de femmes sont incommodées par des fleurs
blanches abondantes ; quelques-unes par des
chaleurs, des démangeaisons, des douleurs
dans les parties génitales.

La physionomie des hypocondriaques annonce, d'un moment à l'autre, ou la santé ou
un état de souffrance, la joie, le bonheur ou
la tristesse ; elle est pâle ou jaunâtre, ou ani-
mée des couleurs les plus vives.

Dans un très grand nombre de cas, l'embonpoint n'est pas diminué.... Beaucoup
d'hypocondriaques sont cependant amaigris,
ont le teint décoloré, la peau de la face pâle,
jaunâtre, rugueuse, boutonneuse, dartreuse.
Beaucoup ont la peau habituellement sèche,
et ne suent que difficilement ; quelques-uns
sont sujets à des douleurs locales, dans différentes parties du corps... Les tissus sous-
cutanés, les membres sont le siége de douleurs
vagues, d'alternatives de chaud et de froid,
de fourmillements, d'engourdissements, de
sensations singulières, variées, erratiques ;

les malades sont fatigués par des crampes, des raideurs convulsives ; ils disent qu'ils ne sentent plus telle ou telle partie ; quelquefois ils sont pris instantanément de paralysies locales peu durables : une fois la voix est éteinte, une autre fois il y a hémiphlégie, une troisième il y a difficulté ou impossibilité de se servir des mains, des pieds, d'un bras, d'une jambe, etc... Les sens présentent quelquefois des troubles analogues.

Mais ce qui caractérise particulièrement l'affection singulière que nous étudions, se sont la multiplicité et la mobilité des désordres accusés par les malades, et les souffrances excessives dont ils se plaignent sans cesse, mises en opposition avec le peu de danger de leur état, et les apparences extérieures d'une santé presque toujours bonne, souvent même d'une santé florissante.

Ainsi des hypocondriaques, chez lesquels aucune fonction ne paraît affectée sérieusement deviennent tristes, inquiets, moroses ; ils ont des pressentiments sinistres, ou même se croient menacés d'une mort plus ou moins prochaine. La plupart lisent avec avidité les livres de médecine, et ne manquent jamais de se reconnaître les symptômes des maladies les plus incurables. L'état de leurs digestions les préoccupe tout particulièrement, et ils rapportent leurs principales souffrances aux troubles des organes abdominaux.

Vous verrez souvent l'hypocondrie survenir par le fait d'un changement brusque de position et de fortune, ou du passage rapide d'une vie agitée à un repos absolu. Aussi s'attaque-t-elle surtout aux commerçants enrichis, l'occupation de la personne tendant à remplacer chez eux l'occupation des affaires, par suite du peu de ressources que leur offre le travail de la pensée.

« Beaucoup d'ypocondriaques ne sont pas des aliénés ; ce sont des malheureux qui souffrent réellement, mais dont l'imagination se monte et s'égare, parce qu'ils voient que, méconnaissant leur état, on cherche plutôt à les railler qu'à les guérir. (JAMES.)

Pour guérir un hypocondriaque « il faut, dit M. le Dr Fleury, que le médecin s'arme de résignation, de courage, et qu'il *accomplisse une conquête plus difficile que ne fut celle de la Toison d'or !* — Il faut qu'il gagne la confiance du malade, qu'il prenne de l'autorité sur son esprit, qu'il lui inspire de l'énergie, qu'il lui enseigne la patience et la persévérance.

Il faut beaucoup de tact et de discernement pour raisonner avec ces malades ; on les irrite en ayant l'air de ne pas croire à leurs souffrances ; en montrant trop de persuasion, au contraire, on les fortifie malheureusement dans leur erreur. En général, il faut d'abord s'attirer la confiance de l'hypocondriaque ; on n'obtient rien de lui sans cela. Pour se donner ce point d'appui, il est nécessaire d'être patient, de l'écouter avec complaisance et de paraître ajouter foi à ses discours, sauf à combattre bientôt, non pas l'existence de la maladie imaginaire, mais le pronostic qui alarme tant le malade.

D'après M. Falret, il est souvent fort à propos d'exercer l'esprit des hypocondriaques dans

5

le sens même de leur délire, afin de s'insinuer dans leur confiance, et pouvoir combattre avec plus d'autorité les inquiétudes
que leur inspire leur maladie ; d'autrefois
c'est par l'arme du ridicule ou par une logique serrée, pressante, énergique, avec
l'accent d'une profonde conviction qu'on impressionne ces malades et qu'on les désabuse
de leurs erreurs.

Il faut, par-dessus tout défendre aux hypocondriaques de lire les ouvrages de médecine qui traitent de cette affection : lecture
qui est infiniment de leur goût. Leur imagination est terriblement ingénieuse à leur
persuader qu'ils ont bien la maladie fatale
dont ils viennent de lire et méditer la des-
cription. De cette triste conviction, au désir
de se traiter, la pente est rapide et l'entraî-
nement presque inévitablement plus grave
et souvent désastreux. A force de se médi-
camenter, en bouleversant aussi sans raison
leurs habitudes, leur régime, ils finissent par
déterminer des lésions graves dans les organes, et c'est alors que, comme on l'a dit,

*à la peur du mal succède le mal de la
peur.* Cette fureur de se droguer est si générale, si impérieuse, qu'il est rare que les
hypocondriaques, ceux-là même qui sont
éclairés, n'abandonnent pas les médecins
prudents et sages pour achever leur ruine
dans la libéralité pharmaceutique des marchands de drogues et des charlatants. Malheur à eux cependant, s'ils se plongent dans
la pharmacie. Et voilà comment une simple appréhension qui, par son importune
continuité, représentant une variété de maladies hypocondriaques, dégénère en altérations organiques plus ou moins profondes,
qui causent réellement une mort prématurée.

En nous arrêtant un moment aux dérangements des fonctions du conduit alimentaire
et à ses effets, dérangements qui tiennent
presque tous à des erreurs de régime ou à
la manière de vivre, dont la latitude est
immense, quel moyen plus efficace serait-il
possible de mettre en usage, pour se sous-
traire à l'empire du luxe, à celui de la
somptuosité de la table, à ceux de l'intem-

pérence, aux débauches, aux voluptés de
tout genre, aux excès même d'une abstinence fanatique, et à toutes ces extravagances qui
dégradent la raison de l'homme, en l'entraî-
nant, avant le temps, à sa destruction, qu'en
se rendant aux eaux minérales, pour y
mener une vie plus conforme à la nature, et
pour boire, selon les circonstances, telle
eau réparatrice ? Là, le fantôme des folles
illusions de la vie s'évanouit, au moins pour
un mois, ce qui tourne toujours au bénéfi-
ce de la restauration ; là, l'exemple, le calme de la raison rappellent à la vie patriar-
cale et à une heureuse habitude de sobriété
et de frugalité des repas ; là, peut-être plus
facilement qu'ailleurs, on apprend avec Py-
thagore que les fonctions de l'estomac doivent être considérées comme le premier mo-
bile de l'économie animale, le plus ferme
soutien de la santé, de la sérénité de l'âme
et du bonheur.

C'est vers leur harmonie qu'il convient
de fixer toute leur attention. Là, des médecins philosophes apprennent au buveur d'eau

minérale à dérider le plus possible son front avec des amis choisis, et à imiter le divin Horace, dont la sagesse marchait entre deux extrêmes, également destructeurs, en se plaçant avec eux autour d'une table où règne, non une profusion fastidieuse, mais le goût, l'élégance, une nourriture saine et la sobriété (1).

N'est-ce pas encore aux eaux minérales où l'on peut apprendre combien Rousseau a eu tort d'accuser la médecine de ne pas savoir assez mettre à profit la gymnastique dont les médecins des eaux tirent un si grand avantage ? Une grande partie des affections nerveuses n'étant dues qu'au séjour des villes, séjour si propre à les produire et à les fo-

---

(1) A Vals, on vit en famille, en dehors du fracas du monde, affranchi de toute gène et de toute étiquette ; l'air vivifiant et pur qu'on respire dans notre délicieuse vallée, la douceur du climat, le confortable des hôtels, le régime sain et nourrissant, la vie agréable et paisible, forment, avec les nombreuses ressources du traitement hydrothérapique, un ensemble de moyens d'une puissance curative remarquable.

menter, combien doit se trouver heureux celui qui, arrivant à Vals, rencontre à chaque pas l'oubli du passé, *oblivia vitæ*, et y reçoit, *largis haustibus*, les éléments d'une nouvelle existence !

« Pour guérir les hypocondriaques, Montanus veut que ceux qui sont atteints de cette maladie fuient les médecins et les médicaments. En venant aux eaux minérales, n'est-ce pas suivre les sages conseils de ce célèbre médecin qui veut que les hypocondriaques entreprennent des voyages ; qu'ils aillent habiter la campagne ; qu'ils fassent choix de sociétés agréables et nouvelles ; en un mot qu'ils fassent usage des préceptes d'une sage hygiène en usant des eaux minérales à l'intérieur et à l'extérieur. » (GRANDERAX.)

L'usage des eaux minérales sera, n'en doutons pas, sous peu d'années, considéré comme un des plus grands bienfaits que le Créateur donna à l'homme pour la conservation de sa santé. Quoiqu'on ne puisse pas espérer que les passions cessent tout-à-coup de nous égarer, de nous entraîner souvent hors des bornes de la raison médicale, nous pensons que ces mêmes passions pourront recevoir une plus sage direction. Les relations des choses avec notre organisation, avec notre conservation, seront mieux appréciées, mieux entendues, et les leçons de l'expérience, qui proclame si hautement le bon usage des moyens hygiéniques, font espérer que celui des eaux minérales ne fera que se propager et s'accroître dans toutes les classes de la société pour le bien-être de l'humanité. *Nil desperandum.*

10e OBSERVATION.

Dyspepsie. — *Hypocondrie.* Dans une matinée du mois de juin 1853, je vis rentrer dans mon cabinet un Monsieur qui s'assit avec aisance, et commença d'une voix, d'abord timide, puis plus assurée, le *narré de ses infortunes.* Ce récit fut long, mais plein de sens et de raison. Le malade le finit par une accusation contre lui-même, qui mérite d'être rapportée.

Vous le voyez, docteur, je suis un *véritable arpagon, un insigne misanthrope, un misérable !* Que peuvent, je vous le demande, vos eaux contre trois passions aussi honteuses que funestes ? Le malade se tut et attendit ma réponse. — Monsieur, vous vous jugez d'une manière juste, mais par trop sévère ; nos eaux, moins que votre volonté ferme, ne peuvent vous affranchir des passions dont vous venez de dérouler à mes yeux le tableau un peu chargé, mais elles peuvent, en guérissant la maladie dont vous êtes atteint, vous rendre à vous-même et vous faire voir les choses de ce bas monde autrement que vous ne les avez vues jusqu'ici. — Quel nom donnez-vous à ma maladie ? — Vous êtes hypocondriaque. — Je suis donc un maniaque, un fou ! — Vous êtes malade. — Pouvez-vous me guérir ? — Oui. — Vrai ! — Vrai. — Il me faut une promesse positive ; j'ai été trompé tant de fois ! — Des promesses ! je n'en fais à personne. — Alors il est inutile que je reste. — Faites comme il vous plaira. — Je partirai. — Partez. — Cependant, docteur, vous pouvez me guérir : à tout prix il me faut la santé, ce bien précieux que je mets aujourd'hui au-dessus de la fortune la plus brillante ; mais qui me la rendra ? — Moi, Monsieur, si vous vous soumettez à ma volonté et suivez mes conseils. Espérance, confiance, persévérance et vous guérirez. Nous nous quittâmes enchantés l'un de l'autre.

Avant d'aller plus loin, il est nécessaire, je pense, de faire connaître mon malade au physique et au moral. Au physique, c'est ce qu'on appelle dans le monde un bel homme ; sa taille est élancée, souple, gracieuse ; son teint est brun, son front haut, large, parfaitement droit ; ses yeux, taillés en amande, sont bruns et très beaux; tous les traits de sa figure, d'un ovale parfait, sont d'une grande régularité; l'expression de sa physionomie est habituellement plutôt triste que sévère, son sourire (il sourit rarement) est charmant et semble refléter les sensations d'une belle âme; sa démarche, un peu timide, est gracieuse, mais fière; ses manières sont aisées, mais d'une grande réserve; le malade est peu communicatif; on pourrait même dire qu'il est taciturne, etc.

Au moral, le malade est *avare, soupçonneux, méchant, calomniateur.* Il était avocat; mais, pour *gagner de l'or,* il se fit notaire dans le chef-lieu d'un canton riche et populeux. Là, pendant huit ans, il s'est livré à un travail aussi opiniâtre qu'assomant. Pendant les sept premières années, il s'est toujours bien porté. Il ne cessait de travailler que pour manger ou dormir, il vivait seul, *seul comme un hibou,* il mangeait seul, et n'avait de communication au dehors que pour affaires.

Du jour où il fut notaire, il cessa de voir et même d'écrire à une tante, qui lui avait servi de *mère* et lui avait fait donner une éducation distinguée. Il l'avait toujours trouvée *froide, avare, égoïste.* Il avait voué à la bonne de cette tante une *haine implacable,* qu'exaspérait encore l'obstination que mettait celle-ci à ne pas vouloir la renvoyer. Cette domestique cependant n'avait d'autre tort à son égard que d'être par lui soupçonnée de *convoiter* le riche héritage que devait un jour lui laisser sa seconde mère.

Maintenant que nous connaissons le malade au physique et au moral, étudions-le au point de vue de son affection bien extraordinaire.

Sous la longue influence d'un mauvais régime, les digestions se firent mal, le travail devint plus difficile, les idées moins lucides ; un sentiment vague d'inquiétude, de malaise général, de tristesse, sentiment inconnu jusqu'alors, vint troubler les *rêves dorés* du malade ; peu à peu, et toujours sous l'influence de mauvaises digestions, ce sentiment pénible devint insupportable : le travail lui pesait, l'inquiétait, le rendait malade. De deux choses l'une, ou il fallait vendre son étude ou prendre un clerc. Il ne sut, pendant longtemps, quel parti prendre, et cette indécision, qui l'occupait jour et nuit, finit par apporter un tel dérangement dans ses facultés digestives et intellectuelles, que le malade comprit enfin qu'il ne pouvait plus être notaire. Il vendit son étude.

Il ne gagnait plus rien, il ne voyait plus personne, les rentrées étaient difficiles, le rêve de son ambition, *l'or*, ne s'était pas réalisé. Sa tante *l'oubliait*, la domestique de sa tante était son *ennemie*, il n'avait fait que des *ingrats*, *il était bien à plaindre*.

Cependant le malade ne mangeait plus ; il était lourd, pesant et comme *assommé*. Il fit, pour la première fois, appeler un médecin qui lui conseilla les distractions, les voyages, *toutes choses coûteuses et par cela même inutiles*.

Depuis cinq mois environ, le cerveau du malade est le siége d'étranges phénomènes. Sa tête est une ruche où bourdonnent mille abeilles ; une taverne où mille voix se font confusément entendre ; un orgue donnant des sons sataniques; un ruisseau qui murmure; un cloaque où grouillent des animaux aquatiques de la plus hideuse espèce ; une caverne où s'agittent, en sifflant, mille couleuvres ; une véritable tour de Babel.

C'est surtout quand le malade vient de faire un sommeil un peu plus long ou un peu plus profond, qu'il éprouve tous ces incroyables phénomènes qui souvent ont une durée assez longue (une à deux heures). Pendant tout le temps que durent ces *diaboliques harmonies,* tout le corps du malade est froid, engourdi ; les yeux restent fixes et la tête est immobile ; il est comme *foudroyé, annéanti*.

La cessation de cet état extatique si pénible, laisse le malade dans une situation extrêmement fatiguante, situation qui ne cesse elle-même que lorsque la chaleur revient animer toute la périphérie du corps et que la tête peut reprendre ses mouvements.

Après ces *crises*, le malade se trouve mieux et peut encore se livrer à quelques occupations.

Le malade n'a pas maigri d'une manière bien sensible ; la langue est large, saburrale, un peu sale, les dents sont jaunâtres, les gencives blanchâtres, un peu tuméfiées ; la pression ne détermine aucune douleur appréciable sur toute l'étendue abdominale ; le malade est habituellement constipé. Depuis l'invasion de sa maladie, il éprouve dans tout son *être* mille et mille choses pénibles, bizarres, inconnues, dont il ne se rend pas bien compte tant elles sont extraordinaires et insaisissables ; il a chaud, il a froid ; il est fort, il est faible ; il veut, il ne veut pas ; etc. Il éprouve dans l'estomac des douleurs tantôt sourdes et profondes, tantôt aiguës et violentes ; ces douleurs sont passagères ; les aliments les augmentent quelquefois et les diminuent souvent. Le malade éprouve une grande constipation.

Le repos, loin d'apporter un peu de soulagement aux idées tristes et mélancoliques qu'éprouve le malade, semble au contraire les augmenter et les rendre plus accessibles. Plusieurs fois des idées de suicide vinrent le tourmenter, mais il trouva dans sa raison assez de force pour les combattre et les éloigner.

Nous avons laissé le malade plein de foi en la vertu curative de nos eaux, et bien disposé d'en faire usage. Le lendemain matin, il entre dans notre cabinet pour nous *payer et nous faire ses adieux :* il part, il ne resterait pas une heure de plus ; nos eaux sont impuissantes à le guérir : il a éprouvé pendant la nuit un *cauchemar plus long, plus horrible que de coutume.* Adieu, monsieur, puisque vous n'avez ni force, ni courage, ni patience, partez. Le malade me paya et ne partit pas. Je le vis le lendemain matin près de la fontaine la Marie. J'allais m'éloigner du malade, quand il m'appela. — Vous ne me disiez rien, docteur ? — Je pensais qu'en changeant de résolution, vous aviez aussi changé de médecin. — Non, docteur, je resterai et vous obéirai aveuglément. — Je le souhaite, mais ne l'espère pas. — Vous avez tort, vous verrez. — Venez me voir demain au soir dans mon cabinet. — Bien. — Je le quittai.

Le lendemain au soir le malade fut exact au rendez-vous que je lui avais donné. Il entra dans mon cabinet le sourire sur les lèvres ; il me serra la main avec une expression peu commune de reconnaissance, et m'assura que le cauchemar qu'il avait éprouvé avait été moins long et moins pénible que d'habitude. — N'allez pas vous croire guéri, nos eaux ne font pas des miracles ; continuez à boire l'eau de la Marie, faites de longues promenades, cherchez à vous distraire, liez-vous à quelque malade dont la conversation vous plaise, couchez-vous tard, levez-vous de bonne heure, et surtout ne mangez pas trop le soir.

Quand l'idée de nous quitter vous viendra, au lieu de vous y arrêter, venez à moi à l'instant : moi seul peut l'éloigner ; pour vous, vous n'y pouvez rien.

Le malade suivit cette ordonnance à la lettre pendant quinze jours. Au bout de ce temps, il éprouvait une amélioration bien marquée du côté des voies digestives ; l'espoir d'une guérison prochaine lui souriait, il devenait tous les jours plus sociable ; un jour, il s'était *émancipé* jusqu'à prendre une tasse de café et la jouer au billard.

Je mis le malade à l'usage de l'eau de la Chloé, je lui conseillai des bains et des frictions alcalines, avec l'eau de la même source matin et soir.

En un mois de ce traitement suivi avec une ponctualité qu'on trouve rarement chez les hypocondriaques, et secondé par des promenades longues et journalières en plein soleil, par la fréquentation de la société, mon *ours fut apprivoisé et presque guéri*.

Ce malade nous quitta joyeux et content. Est-il radicalement guéri ? je l'ignore. Il me fut impossible de connaître son *véritable nom* ni celui du pays qu'il habitait. Pendant le séjour qu'il fit à Vals il ne reçut aucune lettre.

Toujours est-il que lorsqu'il partit, il mangeait et dormait bien, et qu'il n'éprouvait plus son *cauchemar (expression du malade)*.

11ᵉ OBSERVATION.

Dyspepsie. — Hypocondrie. En 1853, M. A... vint demander aux eaux de Vals un peu de soulagement aux maux qui menaçaient d'empoisonner le restant d'une vie pleine de charme et de bonheur, avant que la funeste pensée de *courir à la gloire* ne fut venue la troubler d'une manière bien cruelle.

Le malade appartient à une famille riche et considérée : il a reçu une éducation soignée ; il est peintre,

musicien, poëte. Au sortir du lycée, il s'est livré avec
ardeur à la culture de ces trois *arts*, qu'il voulait
apprendre et *posséder entièrement*. Il avait donc la
prétention de devenir peintre, musicien, poëte, non
pas comme on l'est pour se délasser ou se désennuyer
dans un château isolé, ou pour briller dans un cercle
d'amis ou de connaissances, mais pour paraître en public, dans la capitale, au milieu d'une foule attentive
et qu'on tient, haletante, sous le charme de ses ac-
cords ou de ses accents, etc.

Après dix ans de travaux infinis et incessants, M.
A... se rendit à Paris, emportant toutes ses élucubrations en *peinture*, en *musique*, en *poésie ; chers enfants qu'il choyait avec une tendresse toute mater-
nelle*.

Je n'entreprendrai pas de faire l'Odyssée de mon
malade : elle fut celle de bien de jeunes talents qui, se
croyant appelés à la gloire, viennent apprendre à Paris
qu'ils n'auraient jamais dû quitter la Province pour *si
peu de chose*.

M. A... après un hiver passé à Paris, *gouffre immense qui dévore tant d'existences*, rentra, *mais un
peu tard*, dans son paisible château qu'il jura de ne
plus quitter.

Il n'aimait plus les bois, les eaux vives, le chant
des oiseaux, les bruits de l'air, ces enchantements per-
pétuels de la nature qui avaient autrefois tant réjoui
son âme poétique ; il n'aimait plus que la solitude de

son cabinet noir où il pouvait répandre en secret les larmes que lui arrachait si souvent le souvenir de ses illusions perdues ; il ne voyait plus personne et repoussait avec horreur les propositions de mariage qu'on lui faisait dans le seul but, ou mieux dans l'espoir de le tirer de cet état qui devait tôt ou tard le conduire à la mort ou à la folie.

Le malade est âgé de 35 ans, il est d'un tempérament bilioso-nerveux, d'une bonne constitution ; sa taille n'est pas élevée, mais elle a cette élégance et cette exactitude de proportions qui donnent de la grâce à tous les mouvements ; sa tête n'est pas d'une beauté parfaitement régulière, mais la force de la pensée et l'élévation du caractère mélancolique peintes avec tant d'énergie sur son front large et haut ; la tristesse et la douleur qui voilent son regard, son air languissant, son teint brun et même bistré font de cette tête remarquable ce que les physiognomonistes nomment un beau modèle à étudier ; ses manières ont la dignité élégante et simple qui annonce à la fois l'homme supérieur et bien élevé, etc.

Maintenant que nous connaissons l'homme moral et physique, étudions l'homme malade.

A la suite de la perte de ses illusions, M. A... vit ses digestions se troubler, son appétit disparaître, son aptitude au travail l'abandonner, le sommeil fuir ses paupières alourdies, tout lui devenir importun ; les soins que lui prodiguait sa bonne mère le fatiguaient ;

il voyait tout en noir; il était triste jusqu'à la mort.

C'était précisément au moment où il éprouvait le plus de tristesse que le besoin de célébrité, cause de tous ses malheurs, le tourmentait le plus et lui arrachait ce vers de l'infortuné Gilbert :

Il n'est qu'un vrai malheur, c'est de vivre ignoré !

Alors le démon de la poésie s'emparait de lui et ne le quittait que pour le livrer à celui de la musique, qui le livrait, épuisé, à celui de la peinture. Ce que le malade a commencé d'élégies, de requiems, de jugements derniers est incalculable. Il n'a rien fini. *Le pouvait-il ?*

Sous l'influence d'un travail toujours triste, toujours pénible, d'un travail sans fin, l'appétit ne se fit plus sentir ; et ce n'était que pour ne pas se laisser mourir de faim, que pour ne pas trop chagriner ses bons parents que le malade prenait quelque nourriture.

État du malade à son arrivée à Vals. Amaigrissement général prononcé, langue large et saburrale, pouls normal ; l'épigastre et l'hypocondre droit, lorsqu'on les soumet à une percussion et à une palpation attentives, donnent pour résultat un peu d'empâtement du foie et provoquent, vers la région épigastrique, des douleurs sourdes et profondes : c'est l'hypocondrie *cum materiâ* des anciens. La constipation existe depuis longtemps et est un des accidents les plus pénibles de cette maladie.

Rien du côté du cerveau, si ce n'est le défaut d'aptitude au travail et un peu moins de lucidité dans l'intelligence. Le malade serait bien sans cette idée, sans cesse renaissante, de la perte de ses illusions, *les assauts qu'il est obligé de subir de la part de ces trois démons*, et la triste perspective d'avoir perdu pour toujours une santé que le travail et l'orgueil ont à jamais ruinée.

Après une longue conversation avec cet intéressant malade, conversation ayant pour but de capter sa confiance et de lui prouver que nos eaux pouvaient non-seulement le soulager, mais le guérir, j'eus la certitude d'avoir réussi.

Après un traitement d'un mois pendant lequel M. A... prit l'eau de la Marie, celle de la Chloé en boisson, en bains, en lavements, l'appétit était revenu et les digestions se faisaient à merveille ; le sommeil était bon et réparateur ; l'intelligence et l'aptitude au travail étaient parfaites ; les grandes scènes de la nature que Dieu a prodigué à notre pays le charmaient et l'étonnaient, et quand il nous quitta, il se rappelait à peine d'avoir été malade.

12ᵉ OBSERVATION.

Dyspepsie. — *Hypocondrie.* Un propriétaire aisé du département du Gard, âgé de 28 ans, d'une taille moyenne, d'une constitution frêle et délicate, d'un tempérament nerveux et excessivement irritable, n'avait pu, à cause de son *caractère insoumis*, recevoir une *grande éducation*. Assez riche pour se passer de

travailler aux champs, ce malade a *dépensé les plus
beaux jours de sa jeunesse en dissipations de toute
sorte : il a usé et même abusé des plaisirs de l'amour,
dont aujourd'hui il est las et dégoûté.*

Le malade n'a pas sensiblement maigri ; son teint
est très brun, un peu olivâtre ; sa physionomie, habituellement empreinte d'un profond sentiment de tristesse, est agréable et même intelligente ; il parle avec
volubilité et décrit toutes les sensations qu'il éprouve,
avec ordre, clarté et en fort bons termes. Comme tous
les hypocondriaques, il est prolixe à ce point que trois
heures ne lui ont pas suffi pour bien me faire *connaître sa maladie, qu'il croit unique dans son genre.*

Depuis deux ans, il éprouve, à plusieurs reprises
irrégulières, dans la journée et principalement le soir,
une forte constriction derrière le sternum, une barre
transversale qui s'étend d'un hypocondre à l'autre. De
ces deux points partent les sensations suivantes : oppression, suffocation, étouffement, palpitations de
cœur, produisant des angoisses insupportables, etc.
L'appétit est très variable, la soif nulle, la constipation habituelle, la défécation pénible et même douloureuse, etc.

Laissons parler le malade : je sais bien que je ne suis
pas fou, et cependant la peur de le devenir me fait
quelquefois déraisonner. Je suis inquiet, tourmenté,
emporté, injuste, ingrat, surtout quand le temps est
sombre. Une circonstance que je ne dois pas oublier,

c'est que tant que j'ai fait des dépenses folles au café
et ailleurs, je ne me suis jamais préoccupé de mon
avenir, et qu'aujourd'hui que je n'en fais plus, je ne
songe qu'à gagner de l'argent : je dois aussi vous dire
que depuis ma maladie, sur les conseils d'un médecin
je m'occupe des affaires de la maison. Ces affaires sont
en bon état, et cependant il me semble que depuis que
j'en suis chargé, notre fortune périclite. J'ai toujours
peur de ne pas bien faire, et cependant je verrais avec
peine que mon père, qui m'aime bien tendrement,
m'enlevât cette gestion ; s'il le faisait j'en éprouverai un
chagrin mortel. Cette idée que je ne pourrai encore
longtemps me charger de la gestion de notre *avoir* me
poursuit nuit et jour et ne me laisse ni paix ni repos ;
elle m'obsède d'autant plus que je tiens à ne pas la faire
connaître. Vous êtes le seul à qui je l'aie encore confiée.

Après avoir écouté avec la plus grande attention ce
malade, je lui adressai les *questions* suivantes. — Avez-
vous perdu votre appétit ? — Pas précisément ; mais
après avoir mangé, j'éprouve des baillements et des
lassitudes qui me rendent plutôt triste que malade :
je ne suis *propre à rien*, je suis ennuyé, j'ai besoin
d'air et surtout de solitude. — Dormez-vous ? —
Passablement ; cependant j'ai observé que lorsque mon
sommeil est prolongé ou profond, il est souvent traversé
par des rêves pénibles et presque toujours bizarres. —
Eprouvez-vous des pertes séminales involontaires ? —
Oui ; une ou deux fois par semaine. — Ces pertes ont-

elles lieu avec ou sans érection? — Presque toujours sans érection et souvent au milieu d'images peu agréables et quelquefois repoussantes. — Qu'éprouvez-vous après? — Un profond dégoût d'abord, puis un grand abattement. — Dormez-vous après? — Oui, mais mon sommeil est agité et de courte durée. — Les sensations que vous éprouvez sont-elles plus fortes le jour où les pertes séminales ont eu lieu? — Oui; ce jour-là je suis plus malade et surtout plus ennuyé; ce jour-là je ne voudrais voir personne, je recherche la solitude, souvent même je me prends à pleurer sur la triste situation que mes dérèglements ont fait à ma santé autrefois si robuste.

Après trois semaines de l'usage de l'eau de nos différentes sources, en bains, en boisson, en douches, le malade avait repris son appétit habituel; il était gai, heureux, content, d'être venu à Vals où il reviendrait souvent par reconnaissance; tous les phénomènes qu'il éprouvait et *qui l'avaient tant chagriné*, n'existaient plus, ils n'étaient plus pour ce malade qu'à *l'état de songe*.

Cette cure a été radicale.

13e OBSERVATION.

Hypocondrie. — Un habitant du département du Var, M. N... C..., âgé de 38 ans, brun, de stature moyenne, d'une constitution frêle et délicate, d'un tempéramment nerveux, d'une imagination toute méridionale, d'un esprit cultivé, d'habitudes laborieuses, de mœurs irréprochables, avait toujours joui d'une bonne santé jusqu'en 1854. A cette époque il vit, avec une peine infinie, sa santé compromise à la suite de quelques affaires commerciales qui avaient trompé son attente et porté une atteinte grave à son crédit et à sa fortune. Il se crut ruiné. Sous l'influence de cette idée fixe, M. N... C... perdit le sommeil et l'appétit ; il finit par mal digérer, et par voir un ennemi dans l'aliment le plus inoffensif. Son imagination réagit sur cet état pénible, et le malade, autrefois actif et laborieux, devint d'une nonchalance et d'une paresse *inimaginables.*

On peut résumer ainsi qu'il suit la première consultation du malade.

Depuis plus de deux ans je souffre tout ce qu'un homme peut souffrir ; mon estomac est un brasier d'où s'échappent des vapeurs brûlantes ; mon crâne éclaterait sous l'effort de *latéralité* que lui imprime le *gonflement* de mon cerveau, si je n'avais le soin de le comprimer fortement à l'aide de mes deux mains ou au moyen d'un mouchoir que je serre avec force et que j'applique le plus exactement possible sur la tête ; j'éprouve une grande sécheresse dans la bouche et le gosier ; l'air qui sort de mes poumons est brûlant, ce qui m'oblige d'avoir entre les dents un corps acide ou mucilagineux ; souvent cet état d'aridité de la bouche est tel, sourtout pendant le sommeil, que j'ai de la peine au réveil de respirer, de parler avant d'avoir avalé un peu d'eau sucrée ou sucé une pastille, une tranche d'orange, etc.

Dès le commencement de ma maladie, au contraire, je crachotais continuellement J'éprouve parfois des suffocations gutturales extrêmement pénibles; mon cou gonfle de manière à *appareiller* mon menton. Il y alors comme une *strangulation véritable*. Je suis habituellement constipé, et ne puis aller à la selle qu'au moyen de lavements. Mes digestions sont lentes, pénibles, la nutrition nulle; aussi voyez comme j'ai maigri. J'ai un polype dans les fosses nasales; J'ai des tumeurs strumeuses aux régions sous-maxilaires, axillaires, inguinales et poplitées; j'ai des exostoses à l'un et à l'autre tibia; j'éprouve de continuelles et pénibles alternatives de chaud et de froid; mon sommeil est troublé par des rêves aussi fatigants que bizarres; au réveil tout mon corps est inondé de sueur froide, visqueuse qui s'attache à ma peau comme de la glu; mes membres sont privés de tout sentiment vital; j'ai perdu plus de la moitié de mes cheveux, ce qui m'en reste est sur le point de tomber, j'en perds tous les jours une quantité considérable. Tout mon *être s'en va* petit à petit, morceau par morceau, et beaucoup plus rapidement que vous pourriez vous l'imaginer. Plusieurs fois j'ai eu l'idée de me détruire, je n'en ai jamais eu le courage, je suis un grand lâche, un homme sans cœur; je ne suis pas seulement à charge à moi-même, mais encore à ma famille. On me prend pour fou, un maniaque, un misérable.

Que vous dirais-je ?... Je suis bien à plaindre. Voyez, Docteur, si vous pouvez me guérir.

Après avoir écouté pendant deux heures ce malade me faisant, avec une verve et un entrain aussi long que pathétique, l'énumération de ses maux, je lui déclarai sans hésitation que nos eaux pouvaient le guérir, mais que je désirais le voir au lit pour m'assurer si réellement il était atteint de toutes les maladies dont il me parlait. En doutez-vous, Docteur; voyez plutôt : j'ai un polype, des glandes, des exostoses, etc., et avec une pantomime intraduisible il me montrait ses fosses nasales et les régions de son corps couvertes de tumeurs : voyez mon pauvre crâne autrefois couvert d'une magnifique chevelure, voyez mes machoires dégarnies ; mon pauvre corps qui s'en va : voyez... et volontiers le malade aurait recommencé l'interminable narration de ce qu'il éprouvait, si je ne l'avais poliment éconduit sous prétexte d'aller donner mes soins à un malade, après l'avoir toutefois rassuré et avoir feint de croire à tout ce qu'il me disait et après lui avoir bien promis de bien l'examiner le lendemain matin.

Voici ce que j'observai : amaigrissement prononcé, peau sèche, plissée, rude au toucher, d'un froid glacial ou d'une chaleur brûlante; extrémités inférieures

grêles ; les tibias sont très apparents, légèrement in-
curvés en dehors, mais ne présentent rien d'anormal.
Examinées avec soin, les fosses nasales n'offrent aucune trace de polype : elles sont tapissées par une muqueuse qui m'a paru un peu phlogosée. Les régions
sous-maxillaires, axillaires, inguinales, poplitées, ne
sont le siége ni de tumeurs strumeuses, ni de traces
de ces affections. Les gencives sont sèches, d'un rouge de feu avec quelques petits points blanchâtres ; les
bords de la langue, le voile du palais, et toute la
muqueuse buccale offrent le même aspect. La muqueuse pharyngienne est le siége d'une véritable phlo-
gose : les amygdales sont très apparentes, mais saines.
La région épigastrique n'offre rien d'anormal aux
yeux et au toucher. On constate un léger engorgement du grand lobe du foie. Le malade accuse, à
une assez forte pression, une douleur obtuse, profonde
de la région ombilicale. Les urines sont claires, abondantes. L'orifice de l'anus est douloureux, principalement au contact de la canule. Le pouls est ordinairement
petit, pressé, quelquefois dur, plein, vibrant. Le
malade éprouve, tantôt entre les deux épaules, sous le
sein gauche, sous les clavicules, tantôt dans les membres, des douleurs passagères qui ne laissent pas de le
faire souffrir.

Depuis trois jours qu'il a quitté le toit paternel
et qu'il a voyagé, il lui semble que l'appétit est
meilleur, ou plutôt qu'il mange avec moins de répu-

gnance, Il a dormi plus longtemps et son sommeil a été moins agité. L'eau de la Marie qu'il a goûtée lui convient, et semble avoir calmé la soif *et l'insatiable besoin d'humecter sa bouche.*

Ce malade prit pendant un mois consécutif l'eau de la Marie et quelques bains minéraux qu'il alternait avec des bains domestiques prolongés. Pendant ce temps, l'appétit se prononça mais le malade ne trouvait rien de son goût : aussi avait-il changé trois fois d'hôtel, espérant toujours en trouver un où la cuisine serait meilleure ou plus appétissante. Après avoir bu un mois encore l'eau de la Chloé, à doses assez élevées, l'appétit se fit sentir et pût être satisfait sans danger et surtout sans répugnance. Alors, mais seulement alors, la confiance en sa guérison prochaine fit place au découragement ; le sommeil devint bon et réparateur ; les idées tristes, les pressentiments funestes cessèrent d'agiter le malade, heureux d'en être débarrassé, et firent place à un enjouement d'une causticité bouffonne qui faisait le fond du caractère du malade. Les fonctions intestinales se régularisèrent, et N... C..., qui pendant deux ans avait consulté un grand nombre de célébrités médicales du Midi, qui avait lu et relu tous les ouvrages qui traitent des maladies nerveuses, depuis Rivière (c'est dans cet auteur que le malade avait lu que les eaux de la Marie étaient salutaires aux hypocondriaques), jusqu'à Sandras, quitta Vals en m'assurant que de tous les nombreux moyens qu'il avait employés, seules les eaux de Vals avaient apporté un soulagement marqué à sa triste affection, soulagement qu'il croyait durable et qui l'a été en effet.

14e OBSERVATION.

Dyspepsie, hypocondrie, anémie. Une des célébrités médicales du département du Var, l'honorable docteur Cabissol, de Toulon, m'adressait, le 5 juillet dernier, un interressant malade chargé de me remettre la note médicale suivante :

M. X... a contracté, il y a dix-huit ans, dans un long et pénible voyage dans l'Inde, les germes de la maladie qui le tourmente aujourd'hui. Sa constitution robuste de vingt ans résista aux pernicieuses influences des climats chauds, et, malgré des excès si communs à cet âge, il n'y fut jamais malade. Ce n'est qu'en atteignant des zones plus froides, au cap de Bonne-Espérance, qu'il ressentit des douleurs abdominales, avec ténesme, constipation, abattement, fièvre, etc. En un mot, il avait des coliques sèches. Depuis lors, presque toujours à la mer, exposé à de brusques variations de température, soumis à un régime très échauffant, souvent livré aux préoccupations inquiètantes de son service ou à des travaux intellectuels très fatigants qui lui prenaient une partie de ses nuits, il a vu sa maladie s'aggraver, la névropathie gastro-intestinale faire des progrès, et les accès, d'abord faibles et distancés, se renouveler avec rapidité et une incroyable intensité. Les douleurs de l'estomac et de l'intestin, ont cessé, mais la constipation est, dans cette affection, l'élément dominant et le symptôme le plus difficile à combattre. Aussi purgatifs, anti-spasmomodiques de toutes sortes ont été employés. Le malade en était réduit à des ménagements qui ne pouvaient conjurer l'orage, et, quand il éclatait, il le supportait avec une stoïque résignation.

Depuis un an, pourtant, M. X... se trouvait assez bien de l'hydrothérapie qu'il faisait chez lui, bien qu'imparfaitement il est vrai, les rigueurs de son service ne lui ayant pas permis d'obtenir un congé. Les bains de mer à Tunis et à Alger lui ont été très salutaires. Mais de retour à Toulon, les douleurs abdominales, la constipation, la difficulté des digestions, le dépôt d'acide urique, les impatiences nerveuses, le besoin d'agitation, le froid des extrémités ont reparu, et une impression très vive d'un air frais sur le corps couvert de sueur, pendant le sommeil, a donné lieu à un accès pernicieux qui, en mettant en danger les jours du malade, a accru les souffrances de l'estomac et de l'intestin.

L'affection du grand sympathique a amené l'affaiblissement génésique. Les pollutions nocturnes sont venues joindre leur influence funestes et aggraver l'état général.

J'espère que les eaux de Vals exerceront sur mon malade une action salutaire, et d'après les excellents

articles publiés par mon honorable confrère, M. Tourrette, j'ose compter sur une guérison que j'appelle de
tous mes vœux. — Docteur Cabissol, Toulon,
3 juillet 1865.

M. X..., âgé de 40 ans, est d'une constitution
sèche, d'un tempéramment excessivement nerveux,
d'une taille souple, grâcieuse, mais un peu fière; son
front large, haut, parfaitement droit, est déjà sillonné de
nombreuses rides; tous les traits de cette remarquable figure sont d'une grande régularité. Les manières
de notre malade ont la dignité élégante et simple qui
annonce à la fois l'homme supérieur et bien élevé;
elles sont aisées, mais d'une grande réserve.

Etat actuel. — Amaigrissement considérable, teint
pâle, plombé, ictérique, yeux excavés et excessivement fatigués, lèvres et gencives pâles, langue large,
sans enduit; peau sèche, rugueuse, parcheminée,
d'un gris jaunâtre, anorexie très prononcé, digestions lentes, pénibles, quelquefois douloureuses,
constipation habituelle et même opiniâtre. Après chaque repas, si minime qu'il soit, le malade éprouve
du gonflement et d'assez vives douleurs épigastriques,
du malaise général, des flatuosités, des borborygmes,
quelques nausées, des angoisses précordiales; cet état
de souffrance, qui se prolonge de trois à cinq heures,
laisse le malade dans un pénible accablement au physique et au moral.

Ce fut à la suite de son mariage, que se manifestèrent, du côté des fonctions génésiques, les pollutions nocturnes et diurnes qui exercèrent une vive et fâcheuse influence sur le caractère du malade et le jetèrent dans un état voisin d'une noire hyponcondrie.

Sous l'influence de ces dispositions intellectuelles, et morales, les fonctions digestives se troublèrent de plus en plus, et amenèrent une anémie des plus prononcées.

Pendant les premiers huit jours que cet interessant malade passa à Vals, il but, avec une ponctuelle régularité, trois verres d'eau bicarbonaté sodique et ferro-manganique, source *Rigolette*, le matin, et deux verres de l'eau ferro-arsénicale de la *Dominique*, le soir, par doses fractionnées.

Sous l'influence de ce traitement, les digestions se firent mieux ; l'appétit se prononça ; les forces s'accrurent ; l'espoir d'une amélioration vint dissiper le voile qui assombrissait l'avenir, et le malade, plu confiant, semblait renaître à la vie.

Pendant huit jours encore, M. X... prit les mêmes eaux, à dose un peu plus élevée. Tous les accidents pathologiques décrits s'amandèrent au point que le malade qui mangeait à part, pût se mettre à table d'hôte, où il figurait très convenablement.

Quand, au bout de vingt-un jours, M. X... nous quitta, il n'éprouvait plus aucun symptôme de l'affection complexe et grave qui l'avait amené à Vals.

Nous avons appris depuis de M. le docteur

Cabissol, lui-même que notre malade était très content de la médication des eaux de Vals dont il continuait l'usage.

Je dois appeler l'attention de mes confrères sur une observation essentielle, c'est que presque toutes les affections très chroniques du tube digestif, tributaires des eaux de Vals, présentent des signes plus ou moins prononcés d'anémie globulaire, tels que : décoloration de la peau, plénitude avec mollesse du pouls, bruits artériels, névropathies nombreuses et variées, etc., etc. Aussi ai-je constamment observé que les malades dont les fonctions digestives sont depuis longtemps affaiblies, dont l'estomac manque de la stimulation nécessaire à l'accomplissement régulier des fonctions nutritives et d'assimilation, éprouvent d'excellents effets de ces eaux.

On peut employer l'eau de la *Rigolette* et celle de la *Dominique* concurremment ou simultanément dans les cas analogues à celui que je viens de relater, mes confrères pourront facilement et sûrement se convaincre de l'efficacité des eaux de la source de *Rigolette* dans le cas où il faut atteindre les organes digestifs. C'est à l'heureuse association du fer, du bicarbonate de soude, de chaux de magnésie, qui minéralisent cette eau, et qui contribuent à l'assimilation des principes martiaux, ce sont, dis-je, ces associations naturelles des substances toniques à la soude qui font que l'eau de la *Rigolette* n'a pas les effets débilitants signalés si souvent et par tant d'écrivains dans les eaux de Vichy.

L'eau de la *Dominique* n'a pas d'analogie avec l'eau de la *Rigolette,* ni avec les autres sources de Vals; elle n'a pas de similaire en Europe, c'est une eau arsénicale. L'arsénic est ici uni au fer et à l'acide sulfurique. Son efficacité dans les fièvres intermittentes, les cachexies, les chloroses, les anémies, dans certaines affections de la poitrine où les liqueurs de Fowler où les cigarettes de Trousseau sont indiquées, tient du merveilleux. Qu'on me pardonne ce dernier mot, j'en connais la valeur médicale et je ne saurais oublier le lecteur.

REMARQUES

Il est aujourd'hui généralement reconnu que les plus nobles comme les plus viles passions, semblables en cela au souffle rapide qui active et consume la matière ignée, abrègent également l'existence de l'homme qui subit leur tyrannique empire. Un jeune philosophe ardéchois, M. Mazon, les compare aux héliotropes qui sont condamnés à tourner perpétuellement vers un but placé à des millions de lieues. Il les compare encore aux chevaux sauvages auxquels s'attache un taon importun qui les pique, les talonne, et les fait s'épuiser en bonds effrénés, en fatigues inutiles. Ce taon, c'est le bonheur ; il est figé dans le cœur humain, qu'il fait rugir et bondir, sans pouvoir en être arraché. — L'enfer des anciens dit tout ce qu'éprouve l'homme qui ne sait pas maîtriser ses passions. En effet, l'eau qui fuit le lèvres arides de Tantale, c'est le bonheur que l'ambitieux poursuit en vain depuis le berceau jusqu'à la tombe. Le rocher que Sysiphe roule sur la montagne et qui retombe toujours, c'et le cœur insatiable du voluptueux qu'aucune jouissance ne peut satisfaire. Le tonneau sans fond des Danaïdes, c'est le coffre-fort que l'avare ne peut jamais remplir, etc.

L'exécrable soif de l'or — *auri sacra fames* — fait oublier à l'hypocondriaque de notre première observation les lois les plus simples de l'hygiène. Il s'enferme chez lui, il s'y calfeutre ; il se livre à un travail excessif, il se nourrit mal, il dort peu, ses idées sont tristes, sombres ; son cœur est en proie à des passions mauvaises, et cela jusqu'au moment où les fonctions digestives et cérébrales se refusent à tout exercice normal. Alors seulement il s'aperçoit que le bonheur qu'il cherche avec autant d'activité que de persévérance n'est qu'un mirage trompeur qui s'éloigne quand il croit y toucher : alors aussi il comprend le néant des choses de ce monde, et dans le désespoir d'avoir tourné toute son attention vers un but qu'il ne peut atteindre, la mélancolie s'empare de son âme desséchée, il devient hypocondriaque.

On sera peut-être étonné, qu'après avoir écouté avec tant de patience ce malade, qu'après lui avoir laissé si paisiblement dérouler le tableau rembruni des souffrances qui le torturaient, qu'après l'avoir pris par la douceur, je l'aie si rudement traité le lendemain.

Il faut qu'on le sache ; quand un hypocondriaque joint, à la cause de sa maladie, une haute opinion de lui-même, — cela est malheureusement trop souvent ainsi, — quand il se montre rebelle à tous les conseils qu'on lui donne, il faut, dès le premier mot, couper court à ses divagations, à ses observations, le dominer par la raison et lui faire sentir le joug de l'autorité. Il faut d'emblée le menacer de l'abandonner impitoyablement à son malheureux sort ; ne plus s'occuper de lui. S'il revient à vous, — il y reviendra, gardez-vous en d'en douter, — il faut le traiter alors, après l'avoir écouté avec la plus grande bienveillance, comme le bon pasteur traita la brebis égarée, comme le père généreux traita l'enfant prodigue repentant. Il faut

s'efforcer de gagner sa confiance, et surtout
tâcher de lui faire comprendre que l'emploi
des eaux ne pourra le guérir en quelques
jours; que la persévérance est la première
condition de sa guérison; il faut encore, dans
ces circonstances délicates, que le médecin
des eaux fasse appel aux meilleures inspirations de son intellignce, de son cœur, de
son humanité; il est souvent même à propos
d'exercer l'esprit de l'hypocondriaque dans le
sens même de son délire, afin de s'insinuer
dans sa confiance et de pouvoir combattre,
avec plus d'autorité, les inquiétudes que lui
inspire une maladie dont il s'exagère toujours
le danger; d'autres fois cependant, c'est par
le ridicule, ou par une logique serrée, pressante, énergique qu'on impressionne ce malade et qu'on le désabuse de son erreur. Mais
là est évidemment la difficulté. En effet, il
faut beaucoup de tact et de discernement
pour raisonner avec les hypocondriaques; il
en est beaucoup qu'on irrite, quand on a
l'air de ne pas croire à leurs souffrances; il
en est d'autres, au contraire, qu'on fortifie

malheureusement dans leur erreur, en écoutant complaisamment ou en feignant de croire tout ce qu'ils disent. Ici, rien ne peut suppléer à la pénétration, à la rectitude du discernement. Le discernement, en effet, est une qualité médicale qu'on ne peut enseigner mais qu'on peut apprendre, quand on possède un bon cœur, un esprit lucide, un véritable talent d'observation ; c'est enfin ce qu'on a appelé *le génie médical*.

C'est — le médecin ne doit jamais l'oublier — dans le traitement de l'hypocondrie qu'il est nécessaire de déployer toutes les ressources de la thérapeutique. Un remède nouveau soulage presque toujours. C'est donc au véritable praticien à multiplier ses moyens, à recourir même à la ruse pour alléger les souffrances et calmer les craintes qui, pour être extrêmement exagérées, n'en rendent pas moins l'existence des hypocondriaques insupportable.

Le médecin doit encore, autant que faire se peut, détourner ces malades de lire les ouvrages de médecine qui traitent de l'hypo-

condrie et dont la lecture leur plaît infiniment : cette lecture leur est extrêmement
préjudiciable. Ils ne doivent pas interroger
une à une toutes leurs fonctions : l'estomac
ne veut pas qu'on l'écoute digérer, le cœur
palpiter, les poumons respirer, etc. En effet,
tout cela s'exécute mieux dans la distraction
de l'âme intelligente. Ils s'attacheront, avec
soin., à chasser les idées tristes ; pour y par-
venir, ils choisiront leur société, ils éviteront
les malades chez lesquels ils trouveraient des
analogies de souffrances, avec qui s'engage-
raient des conversations médicales pour le
moins inutiles. Parler de son mal avec celui
qui l'éprouve est souvent un grand bonheur ;
mais, qu'on ne s'y trompe pas, l'esprit cherche toujours, dans ces consolations mutuelles,
un aliment à sa tristesse.

Sous l'influence morale, tous les viscères
subissent l'empire des vicissitudes de l'âme ;
l'appétit se perd, le sommeil s'enfuit, le corps
dépérit, la raison s'égare... Voyez, obser-
vez un hypocondriaque ; un rien l'affecte,
peine et plaisir tout est exagéré ; il passe de

la tristesse à la joie, du désespoir à l'enthousiasme, il est sans cesse abusé par l'impression et l'appréciation des personnes et des
choses. Susceptible au plus haut degré sur
les procédés, son commerce est difficile,
il croit voir un manquement, une offense
dans un coup d'œil, un geste, un propos,
dans une omission qui passerait justement
inaperçue pour la foule. Cette vive et facile
impressionnabilité rend son caractère inégal.
Il est circonspect, défiant et excessivement
prompt aux interprétations défavorables. Pour
vivre uniformément avec lui, il faut des
égards soutenus. Il est taciturne, solitaire.
Quelquefois cependant il se montre gai, expansif, recherchant la société, et y apportant
une gaîté bruyante et spirituelle, puis retom-
bant bientôt dans ses goûts solitaires et son
état misanthropique. Dans la discussion, il
passe vite de la douceur et du calme à l'em-
portement ; son amour-propre est sujet à de
non moins grandes variations ; ce sont tour
à tour les plus humbles et les plus orgueil-
leux des hommes.

Nos eaux minérales ont-elles été la cause efficiente', réelle des cas de guérison que nous avons relatés ? Je n'oserais l'assurer, encore moins en donner une preuve irrécusable. Mais 'peu de praticiens se refuseront à admettre que sous leur salutaire influence l'appétit ne se soit pas développé, et qu'une nourriture plus convenable et prise avec mesure, qu'un peu plus de sécurité d'esprit, qu'un peu plus d'exercice n'aient pas largement aidé à faire disparaître les phénomènes nerveux et extraordinaires qui torturaient l'existence de ces malheureux.

C'est un axiome accepté presque par tous les médecins que l'état névropathique qui domine chez les hypocondriaques ne reconnait souvent d'autres causes que l'appauvrissement du sang. En effet, tous les praticiens savent que lorsque le sang n'est pas assez riche il perd sa propriété de gouverner les nerfs (*sanguis gubernator nervorum*). Quoi donc d'étonnant alors que nos eaux ferro-manganiques et ferro-arsénicales en augmentant l'appétit, en régularisant les fonctions digestives, l'assimilation et la nutrition, amènent la reconstitution du fluide sanguin et que tous les accidents nerveux que nous avons signalés, quelques variés, quelques multipliés qu'ils soient, guérissent ou s'amendent?

Il est aujourd'hui bien reconnu que tant que l'imagination de l'hypocondriaque sera tendue ; tant qu'il sera inquiet sur sa santé ; tant que la cause morale, qui a occasionné la maladie, subsistera on ne peut espérer qu'une amélioration passagère et jamais, ou bien rarament, une guérison durable. Il faut donc, avant tout, l'empêcher de penser continuellement à son estomac, et de scruter avec une minutieuse puérilité ses fonctions digestives. Dans ce but, il faut lui prescrire de petites promenades au milieu de frais et de riants paysages ou circule un air libre et pur ; lui ordonner des lectures amusantes qui n'exigent aucune contention d'esprit : l'obliger à rechercher la société de quelques personnes aimables et enjouées dont la con-

versation lui plaise (1) ; il faut, en même
temps, attaquer de front et avec persistance
les craintes chimériques qui l'obsèdent; et
de les détruire par des raisonnement propres
à les convaincre , il faut lui bien faire comprendre que tel et tel individu est parfaitement guéri d'une affection semblable à la
sienne. On rassurera encore son imagination
en lui faisant entendre que l'affection dont
il est atteint n'offre aucun danger, qu'elle
n'est que passagère et qu'avec la bonne vo-

---

(1) « Oh ! combien elle soulage le cœur ! Non seulement elle procure le bien moral, elle est, en outre,
une garantie contre les effets sourds et insensibles d'un
chagrin intérieur et profond , plus son action est ex-
pansive, moins il est à craindre ; mais redoutez une
douleur muette, sombre, concentrée, en un mot, une
douleur rentrée. C'est un principe sceptique , mortifère
qui a pénétré jusqu'aux sources de la vie ; bientôt
elles seront troublées ou épuisées, etc. C'est aux
sensations agréables qu'on doit rapporter les succès
brillants attribués (avec raison) à la fréquentation des
sociétés particulières et des réunions nombreuses.

(LOUYER-VILERMAY.)

lonté de la vaincre, il en sera bientôt débarrassé.

Il ne faut pas se le dissimuler, le traitement
de l'hypocondrie offre des difficultés souvent insurmontables. En effet, il n'est pas
rare de trouver des hypocondriaques « qui
se complaisent dans leurs malheureuses illusions et y restent plongés, comme dans une
ornière, sans faire le moindre effort pour en
sortir; quelques-uns nient même les amélio-
rations sensibles qu'ils éprouvent, ou, s'ils
sont obligés d'en convenir, ils assurent qu'elles ne peuvent être de longue durée et qu'une
rechute est inévitable. » (SANDRAS).

Tous les préceptes généraux qu'on trouve
dans les livres sont excellents; mais si on
veut en retirer quelques fruits dans la pratique, il est indispensable qu'on s'attache
d'abord à connaître le moral des malades;
parce qu'il en est des moyens moraux comme
des médicaments, la différence de caractère
des individus doit faire varier les premiers,
comme la différence d'idiosyncrasie fait varier
les seconds. En effet, les raisonnements qui

calment l'inquiétude de telle personne, adoucissent des douleurs morales ou modèrent le
dérèglement de ses passions, peuvent avoir
un résultat opposé sur telle autre. Les unes
doivent être conduites par la voie de la persuasion et de la douceur, tandis qu'il en est
d'autres chez lesquelles un langage ferme et
sévère réussira mieux. Bien que (comme nous
l'avons observé), l'assurance positive de la
guérison soit avantageuse au plus grand
nombre des malades, il peut cependant s'en
trouver quelques-uns auxquels il est utile de
faire sentir que la maladie pourrait avoir des
suites fâcheuses, s'ils ne se conformaient pas
scrupuleusement aux conseils qu'on leur
donne. Les idées religieuses seront couronnées
de succès auprès de celui-là. Que de prudence
et de sagacité il faut avoir pour diriger convenablement et surtout efficacement ces moyens!

Il serait, on le voit, bien difficile de formuler la conduite à tenir dans les cas spéciaux,
puisque c'est presque toujours dans son cœur
que le médecin trouvera les moyens les plus
sûrs de combattre la cause de l'hypocondrie.

La médecine morale, dit M. Mordret, a son importance toujours, mais plus encore peut-être dans les circonstances dont nous parlons. Nous ne pouvons pas du reste insister sur ce sujet, qu'il suffit d'avoir indiqué ; l'épuiser serait un hors-d'œuvre.

N'oublions pas que pour peu que le médecin manque de prudence, il peut faire naître l'ennui, les regrets, le dégoût ou bien encore des préoccupations d'un autre ordre que celles qu'il est appelé à vaincre. Alors l'état du malade loin de s'améliorer s'aggravera.

Avant de donner des conseils, il importe donc grandement de connaître les goûts, les habitudes du malade pour les contrarier le moins possible.

GASTRALGIE.

La médecine, comme la politique, dit M. Fleury, a ses époques de révolution et de réaction. La gastralgie est fille de la réaction anti-Broussaisienne.

Après avoir aveuglément obéi à l'impulsion qui lui avait été imprimée par l'illustre et ardent réformateur, après avoir subi le joug de la gastrite chronique, de la diète et des sangsues, la génération médicale se prit un beau jour à douter; bientôt après elle nia et, après avoir vu l'inflammation et l'irritation partout, elle finit par ne plus les apercevoir nulle part.

Le règne de la gastrite était fini, celui de la gastralgie commençait. Mais comme la plupart des pouvoirs nouveaux, celui-ci fut violent et dépassa le but.

Le public accueillit avec un égal enthousiasme les travaux de quelques observateurs sérieux, les élucubrations des plus obscurs réactionnaires et les réclames des plus éhon-

tés spéculateurs. Les médecins eux-mêmes ne
sûrent point se défendre assez contre l'en-
traînement général. Toute souffrance gastrique fut rapportée à la gastralgie : tout malade
fut mis au régime du vin de Bordeaux, des
côtelettes et du fer.

En résumé un système fut substitué à un
système, et la science n'y gagna rien. — Beaucoup de malades, à la vérité, y trouvèrent
l'avantage de ne plus être exposés à mourir
de faim, mais beaucoup d'autres éprouvèrent
le désagrément de périr d'indigestion ou de
gastro-entérite.

Le règne tyrannique de la gastralgie dure
encore, et ce n'est point une réaction que
nous prétendons susciter ; mais le moment
est venu de secouer le joug des exagérations
systématiques, et de faire enfin prévaloir les
enseignements de l'observation exacte et de la
saine appréciation des faits.

Le mot gastralgie, employé autrefois par
un très petit nombre de pathologistes, est
presque universellement adopté aujourd'hui
pour exprimer un état de souffrance de l'es-

tomac, caractérisée par une lésion ou anoma-
lie de la vitalité de cet organe, le plus ordinairement exempte d'inflammation propre-
ment dite (1).

Cette lésion pouvant s'étendre de l'estomac

---

(1) « Dans cette maladie, la douleur est l'élément
qui prédomine et en est le symptôme caractéristique.
Cette douleur a son siége dans la région épigastrique
et retentit très souvent dans les parties qui avoisinent
l'estomac, et même dans les régions éloignées de ce viscère. C'est toujours, *comme dans la majorité des maladies de cet organe*, tantôt de la pesanteur, un sentiment
de constriction, comme si une pression était exercée ;
d'autres fois les douleurs sont intolérables : il semble au
malade que son estomac est comme arraché, mordu ;
dans d'autres cas, ce sont des douleurs lancinantes,
ou bien encore le sentiment que ferait éprouver un
animal qui opèrerait des mouvements dans l'organe
malade. — Dans cette affection, l'appétit subit des
perversions, mais il manque rarement, et le plus souvent il est augmenté. » (ROCHON.)

« La gastralgie est la névralgie de l'estomac dont
le symptôme principal et constant est la douleur.
Cette douleur n'est pas le résultat de la pression sur
l'épigastre ; elle est indépendante de toute cause exté-

à l'intestin, par voie de sympathie et de continuité, on a donné à l'affection nerveuse et simultanée de l'un et de l'autre le nom de gastro-entéralgie, comme on a appelé gastro-entérite l'inflammation concomitante de l'estomac et de l'intestin. Mais, comme il est facile de le concevoir, les mots gastralgie et gastro-entéralgie n'expriment nullement une maladie simple et identique, mais bien un état complexe et multiple, un ensemble de phénomènes morbides, variables dans leurs causes, leurs symptômes, leur marche, leur durée, leur traitement.

Causes. — Les causes des gastralgies sont extrêmement nombreuses, extrêmement variées et méritent d'autant plus l'attention des

---

rieure, et n'existe que par le fait de la maladie, dont elle est la plus éclatante manifestation.

» D'autres phénomènes non moins pénibles, mais moins constants que la douleur, peuvent aussi faire cortége à la gastralgie : ce sont les nausées, les vomissements et les mauvaises digestions, l'absence d'appétit, le dégoût pour les aliments, les besoins exagérés et déréglés d'alimentation. » (ROUBAUD.)

7.

médecins qu'elles constituent souvent la maladie elle-même, et que dans tous les cas leur appréciation concourt à en éclairer le diagnostic et le traitement. Dans beaucoup de cas, en effet, les gastralgies sont le résultat direct, actuel et nécessaire des causes qui les produisent ou les entretiennent, tandis qu'au contraire les inflammations gastro-intestinales affectent souvent une marche tout-à-fait indépendante des influences qui ont pu leur donner naissance. D'après cela, l'on ne saurait attacher trop d'importance à l'étude des causes générales des gastralgies. Nous les distinguons en organiques et hygiéniques.

Causes organiques. — L'appareil digestif reçoit son principe de vie de plusieurs ordres de nerfs qui président aux différents actes physiologiques et pathologiques qui lui sont propres. L'étiologie doit donc tenir compte de cette association d'éléments nerveux. On sait qu'il existe, indépendamment de la double influence des nerfs cérébraux et des nerfs ganglionaires, un troisième ordre d'influence nerveuse qui a sa destination spéciale dans

l'exercice de la vie nutritive, et dont la connaissance devient indispensable à l'appréciation des phénomènes morbides de l'estomac.
Ce sont les nerfs pneumo-gastrique et dia-
phragmatique qui, plongeant pour ainsi dire
dans la sphère d'action du système nerveux
ganglionaire, décrivent avec le système nerveux cérébro-spinal une sorte d'ellipse dans
laquelle se trouve compris l'appareil digestif
et servent ainsi d'intermédiaire aux deux ordres d'influences nerveuses, et entretiennent
entre elles une action réciproque de sympa-
thies continuelles.

C'est cette triple combinaison d'éléments
nerveux qui semble expliquer aussi le triple
caractère que peut affecter la gastralgie : 1ᵉ
avec ou sans douleur ; 2° avec ou sans spasmes ; 3° avec ou sans perversion de la sensibilité, et que représentent tantôt les douleurs
vives et déchirantes de l'estomac, tantôt les
crampes ou les vomissements qui les accompagnent, tantôt les nombreuses anomalies de
la sensibilité désignées par les auteurs sous

des noms différents de cardialgie, épigastral-
gie, gastrodynie. etc. (JOLLY.)

Les causes les plus ordinaires de la gastralgie *idiopathique, primitive, simple* sont,
d'après M. Fleury : 1° *Les écarts de régime,*
tantôt l'alimentation ayant été trop copieuse,
trop substantielle, trop excitante. tantôt
insuffisante et débilitante. L'abus du régime
maigre, de la diète, du jeûne, *la peur de la
gastrite,* ont fait et font encore un grand
nombre de gastralgiques.

A la fin du carême, les gastralgies sont
très communes parmi les catholiques rigoris-
tes et surtout, en Russie, parmi les Grecs
orthodoxes, dont les pratiques sont encore
plus sévères. Elles se développent également
très souvent chez les personnes qui, par
goût ou par nécessité, ingèrent avec excès
des acides, des crudités, de la salade, des
fruits peu mûrs, etc. Enfin, il est des dispositions idiosyncrasiques fort bizarres, dont il
faut tenir compte. J'ai vu une dame qui ne
pouvait manger deux ou trois fraises sans
éprouver immédiatement de violentes dou-

leurs gastriques, et parfois même des vomissements.

2° L'abus des liqueurs fortes, excitantes,
soit alcooliques, soit émollientes, acidulés,
rafraîchissantes, etc. La gastralgie est fré-
quente chez les individus qui font un usage
immodéré de tisanes, de sirops de groseilles,
d'orgeat, de limonade, d'orangeade, etc. L'eau
prise à haute dose, suivant les prescriptions
de l'hydrothérapie empirique, provoque souvent, surtout lorsqu'elle n'est point fraîche et
pure, des gastralgies intenses et rebelles.

3° Certaines causes mécaniques, telles que
les violences extérieures, les coups portés sur
l'estomac, *la compression habituelle exercée
par un corset trop serré*. Chez un grand
nombre de femmes du monde, il m'a suffi,
pour faire disparaître des gastralgies anciennes et très douloureuses, de substituer au
corset, tel qu'on le confectionne ordinairement, une *brassière hygiénique* conciliant
les exigences de la toilette féminine avec
celles de la santé. Certaines attitudes profes-
sionnelles, surtout lorsqu'elles sont prises

immédiatement après le repas ; on rencontre souvent la gastralgie chez les cordonniers, les tailleurs, les couturières, les brodeuses, les repasseuses, etc.

4° La gastralgie est souvent produite par l'usage de certains médicaments, tels que la sulfate de quinine, la digitaline, le copahu, l'iodure de potassium, le citrate de fer, etc. J'ai vu maintes fois des gastralgies, qui probablement eussent été éphémères, qui eussent disparu spontanément ou à l'aide de quelques soins hygiéniques, être entretenues et exaspérées par les médicaments *anti-gastralgiques* employés pour les combattre. Dans les cas de ce genre, il m'a suffi, pour faire cesser les accidents, de suspendre l'administration des préparations ferrugineuses, du sous-nitrate de bismuth, du charbon, de la noix vomique, etc., dont on gorgeait d'autant plus les malades que la maladie se montrait plus rebelle. De là, un précepte important que je n'hésite pas à poser comme absolu : *celui d'interrompre de temps en temps les médications anti-gastralgiques, quelques*

*rationnelles qu'elles soient, pour constater
que leur effet curatif n'a pas été produit,
et si leur prolongation intempestive n'est
pas devenue une cause nouvelle des accidents qu'elles sont destinées à guérir.*

La gastralgie *sympathique, secondaire,
compliquée,* se montre sous l'empire d'un
grand nombre de causes différentes, parmi
lesquelles on en rencontre de très éloignées
et de très imprévues.

Jeunes praticiens, sachez et retenez bien
ceci : *dans l'immense majorité des cas, ce
n'est pas dans l'estomac qu'il faut chercher
la cause des troubles chroniques de la digestion stomacale.*

1° La gastralgie est bien rarement *idiopathique* presque toujours, au contraire, elle
est *sympathique* et subordonnée, soit à une
cause générale telle que la chlorose, l'anémie,
la goutte, etc., soit à une cause locale plus
ou moins éloignée, et spécialement à la congestion chronique du foie ou de la rate, à
une affection de l'utérus, à un retrécissement

de, l'urètre, à un phimosis congénial, à la
constipation, à la spermatorrhée, etc.

2° Parmi les causes qui peuvent produire
la gastralgie sympathique, il faut placer en
première ligne les troubles du système nerveux. De même qu'un accès gastralgique est
parfois accidentellement et instantanément
provoqué par une contrariété, par la frayeur,
la colère, par une vive émotion de quelque
nature qu'elle soit, la gastralgie est souvent
produite par des causes morales et intellectuelles exerçant une action prolongée ou habituelle, l'inquiétude, le chagrin, l'ambition
déçue, la contention d'esprit, l'exaltation de
l'imagination. — La gastralgie est, pour ainsi
dire, la compagne obligée, mais capricieuse,
des névropathies : hystérie, nosomanie, état
nerveux ; enfin, elle est le résultat ordinaire
de grandes déperditions de forces nerveuses
quelle que soit la cause qui ait produit celles-ci.

3° Viennent ensuite les altérations du sang,
les maladies humorales, les cachexies : chlorose, anémie, gravelle, convalescence, ca-

chexie paludéenne et quinique, cachexie syphilitique et mercurielle. efc.

4° Il est facile de comprendre que les
maladies du foie : congestion hépatite chronique, en modifiant les phénomènes nerveux
et chimiques de la digestion, peuvent devenir
des causes de gastralgie. La gastralgie, comme
la dyspepsie, est également commune chez
les individus qui mangent très vite et presque
sans mâcher, chez ceux qui sont privés de
leurs dents, chez tous ceux enfin qui se
trouvent dans des conditions organiques ou
fonctionnelles qui s'opposent à la parfaite
trituration des aliments : perte des dents, fis-
tule salivaire, maladie des parotides, ptya-
lisme, etc.

Enfin, la leucorrhée, la dysménorrhée, les
maladies de l'utérus sont des causes fréquentes
de gastralgie. » (L. FLEURY.)

Symptômes. — « La douleur est le symptôme le plus constant des névralgies gastro-
intestinales ; mais elle varie en raison d'une
foule de circonstances étiologiques et indi-
viduelles, tantôt elle est vive, aiguë, déchi-

rante, telle que la produirait un instrument piquant, dilacérant et perforant, tantôt elle est sourde, obtuse, accompagnée de baillements, d'angoisse et d'anxiété, de tension et de plénitude, de battement épigastrique; tantôt elle est brûlante, avec persécrétion et altération des fluides gastriques, nausées, rapports nidoreux, acides, caustiques; tantôt au contraire, elle s'accompagne d'une sensation de froid qui semble pénétrer brusquement dans la profondeur de l'estomac, pour disparaître et reparaître avec la même promptitude. Quels que soient son caractère et son intensité, elle se manifeste le plus souvent le matin, c'est-à-dire après minuit. La moindre cause physique et morale, un rêve pénible, une nouvelle inattendue, une impression de froid, un simple changement de position la rappellent ou l'accroissent, en sorte que sans cesse le malade rapporte pour ainsi dire à l'estomac toutes les sensations qu'il éprouve; mais, dans aucun cas, cette douleur n'a un caractère franchement inflammatoire : la pression, loin de l'augmenter, la diminue; l'ali-

mentation, et en général toutes les causes les
plus capables, en apparence, d'irriter la muqueuse digestive, tels que les spiritueux, en
affaiblissent souvent l'acuité, à moins qu'elle
ne se complique réellement de symptômes
inflammatoires, auquel cas le diagnostic devient fort équivoque et le traitement difficile.

« Les névralgies gastro-intestinales s'accompagnent, en outre, de phénomènes nerveux extrêmement variés, tels que céphalalgie
habituelle, alternative de chaleur et de froid
sur toute la peau, horripilation, palpitations
fréquentes, sentiment de malaise général et
de fatigue des membres, de distension de
l'abdomen, d'oppression, de suffocation, de
strangulation. Très souvent la langue conserve
son état naturel : elle est, en général, blanche, épanouie, rarement rouge. Dans le plus
grand nombre des cas, il y a constipation
opiniâtre, appétit plus vif que dans l'état de
santé. Chaque repas est presque toujours
suivi du soulagement momentané. Souvent
la faim est dépravée, et porte sur des aliments insolites, soit salés, soit épicés, soit

acides, soit amers; d'autrefois, les malades
se plaignent d'une saveur amère, salée, cui-
vreuse, et il n'est pas rare non plus de voir
la gastro-entéralgie s'accompagner de vomissement et de diarrhée, mais ces deux symptômes ont alors une marche, un caractère
et des produits qui ne permettent guère de
les confondre avec les vomissements et la
diarrhée dus aux phlegmasies gastro-intestinales. Les matières que rendent les malades,
dans ces derniers cas, sont ordinairement
colorées, plus ou moins foncées en jaune, vert
ou brun. Le contraire a lieu dans les gastro-
entéralgies. Les malades sont sujets à des
crampes, à des soubresauts dans les tendons
et autres mouvements convulsifs; le pouls est
ordinairement lent, déprimé, quelquefois in-
termittent, tout le système nerveux acquiert
une telle susceptibilité que les moindres impressions faites sur les sens causent des
spasmes, des défaillances, des syncopes et
autres anomalies nerveuses. Dans beaucoup
des cas, les facultés morales et intellectuelles
subissent des altérations remarquables. Les

malades deviennent moroses, inquiets, iras-
cibles, et offrent un ensemble de phénomènes dans lesquels se confondent des symptômes cérébraux et des symptômes gastriques ;
de telle sorte qu'il n'est pas toujours au pouvoir du médecin de les saisir dès leur point
de départ, et de les apprécier dans leur influence réciproque ; de même qu'il devient
souvent difficile de les combattre par un traitement rationnel. » (JOLLY.)

Dans une époque où, après avoir vu partout des gastrites chroniques, certains praticiens, pour ne pas dire tous, ne veulent
plus reconnaître que des gastralgies, il me
paraît utile d'établir ici à l'aide de quels
signes différentiels M. Sandras veut qu'on
puisse distinguer la gastrite chronique de
la gastralgie : dans l'un et dans l'autre, assure
l'habile praticien, il y a dérangement de l'appétit, trouble de la digestion, douleurs de
l'estomac, amaigrissement et progressivement
teinte chlorotique de la figure, avec perte
des forces, langueur et surexcitation nerveuse : la disposition au vomissement est

commune et marquée, quoiqu'elle ne soit pas générale. Ces deux états se ressemblent donc par une infinité de points. Mais on remarque que la gastrite chronique suit le plus souvent les atteintes marquées de la gastrite aiguë, tandis que la gastralgie débute primitivement telle qu'elle est.

Dans la gastrite, même très chronique, les douleurs de l'estomac, provoquées souvent par le moindre exercice qu'on donne à cet organe, amènent presque toujours de la fièvre, c'est-à-dire de la chaleur à la peau, et en même temps une certaine vivacité du pouls; dans la gastralgie, la réaction du pouls est moins fébrile, il y a plutôt inégalité et fréquence, sans chaleur à la peau, et surtout sans sécheresse.

Dans la gastrite chronique, les douleurs sont moins intenses, plus longues, la soif plus marquée, les vomissements plus fréquents; dans la gastralgie, les vomissements sont l'exception, la soif est capricieuse, les douleurs vives et bornées à une, deux ou trois heures.

Dans la gastrite, la vacuité de l'estomac donne du soulagement à peu près toujours, la réplétion augmente le malaise ; dans la gastralgie, la vacuité est souvent, au contraire, le temps des douleurs, la réplétion, bien entendue, est une cause de soulagement : des boissons fraîches et légèrement acidulées, des aliments féculents, des viandes blanches conviennent et sont mieux supportées dans la gastrite, dans la gastralgie, tous les acides, mêmes légers, font horriblement souffrir, et les aliments qui vont le mieux sont les viandes rouges et substantielles ; la gastrite n'est pas soulagée dans la digestion par la magnésie ou le bicarbonate de soude, la gastralgie l'est au contraire d'une manière frappante, un peu de morphine donnée pendant les douleurs de la gastrite, ne calme pas et ne facilite pas les digestions ; le contraire tout-à-fait a lieu, presque constamment, pour la gastralgie. La gastrite résulte le plus souvent d'excès dans l'alimentation ; la gastralgie est une conséquence ordinaire des excès tout contraires. Aussi, est-il com-

mun de voir la gastralgie remplacer la gastrite, quand celle-ci a été longtemps, trop
longtemps peut-être, tenue au régime qui
lui convient. Le règne de la doctrine de
Broussais en a fourni de nombreux exemples.
L'alimentation et ses effets, la médication
calmante sont donc ici une excellente pierre
de touche. A tout cela il faut encore ajouter
comme renseignements accessoires, l'examen de la langue qui reste belle dans la
gastralgie, et au contraire, se salit, s'enflam-
me à la surface, se couvre de pellicules et
d'apht's dans la gastrite qui, dans le premier cas est douloureusement révoltée par
le contact des acides et les supporte mieux
dans le second; l'examen de la douleur épigastrique, moins facile à exaspérer par la
pression dans la gastralgie, l'examen des
dents plus souvent corrodées et attaquées
par les acides dans la gastralgie, l'exploration
des forces, que cette maladie détruit moins
rapidement, la continuation de la constipation qui ne lui est plus ordinaire, enfin,
l'étude attentive des résultats obtenus par les

traitements divers conseillés avant qu'on observe le malade, ou actuellement suivis.

Tels sont les signes différentiels indiqués par M. Sandras : nous ignorons s'ils suffisent toujours pour porter un diagnostic certain, ou plutôt nous n'ignorons pas que, dans de nombreuses circonstances, le praticien reste indécis, malgré l'examen le plus attentif de son malade, mais on peut affirmer que de semblables préceptes rendent moins difficile l'exercice de notre art. D'ailleurs nous l'avons déjà dit et nous ne saurions trop le répéter, nos eaux minérales sont également puissantes contre les affections gastro-intestinales qui sont liées à un trouble fonctionnel dû à une maladie purement nerveuse, ou à une lésion de la membrane muqueuse digestive elle-même.

Les symptômes les plus variés, les plus différents, assure M. L. Fleury, peuvent se présenter. Tantôt les repas sont suivis de gonflement, de pesanteur et de malaise épigastriques, de borborygmes, de baillements, de pendiculations, de sommolence, d'une sorte d'inertie générale, d'une espèce d'accablement dou-

loureux, mais en raison duquel les sujets
deviennent incapables de se mouvoir, d'agir,
de parler, et pour ainsi dire de penser. Le
travail intellectuel est impossible ; pour écrire une lettre, pour lire un journal, il faut
des efforts excessifs suivis d'une fatigue
extrême, d'une courbature générale, de céphalalgie, de découragement. D'abord ces
phénomènes ne se montrent qu'après le repas, ou seulement quelques-uns d'entre eux
et ne dépassent point la durée de la digestion
stomacale, ou intestinale, les malades recou-
vrant, pendant les intervalles, toute l'intégrité de leur santé. Voilà, je pense, la forme
dyspeptique fidèlement et hautement caractérisée. Mais, ajoute M. Fleury, si la maladie n'est point promptement et efficacement
combattue, les accidents se prolongent au-
delà de leurs limites habituelles, et, peu à
peu, deviennent permanents, l'ingestion des
aliments amenant toujours, néanmoins, une
exacerbation plus ou moins violente. Les
malades ne tardent pas à perdre leur embonpoint, et leurs forces, à tomber dans

l'émaciation, l'épuisement, la faiblesse, l'hypocondrie. Ils se persuadent, d'autre part,
qu'ils sont mortellement atteints, que rien ne
pourra les guérir, ils affectent de la résignation, font bon marché de la vie, et d'autre
part, cependant, ils appellent la guérison avec
tant d'impatience, qu'après avoir consulté un
grand nombre de médecins, après avoir passé
successivement d'une médication à une autre
sans en avoir expérimenté convenablement
aucune, ils finissent par se livrer, sans plus
de succès, aux empiriques et aux charlatans,
aux nourrisseurs, aux magnétiseurs, aux som-
nambules, aux marchands d'électricité. Ordinairement, sous la double influence des
troubles de la nutrition et des désordres de
l'innervation, le sang finit par s'altérer, les
malades tombent dans la chloro-anémie, et
chez les femmes hystériques, la menstruation
se dérange, et il survient soit de la dysménorrhée ou de l'aménorrhée, soit des règles
trop abondantes ou trop prolongées. La maladie devient alors extrèmement complexe et
compliquée ; les troubles des divers appareils

organiques, réagissent les uns sur les autres,
et au milieu de tous ces désordres fonctionnels, le médecin éprouve quelques difficultés
à se rendre un compte exact de la marche,
de l'enchaînement, de l'ordre d'apparition
et de succession des phénomènes, à distinguer les effets des causes, à séparer les
lésions primitives et essentielles des lésions
consécutives et accessoires. C'est alors, surtout, que l'histoire détaillée et chronologique
de la maladie, que l'examen complet et mé-
thodique du malade, que l'observation suivie, sont les conditions *sine quâ non*, d'un
bon diagnostic et d'une thérapeutique efficace.

D'après M. Roubaud, la gastralgie a trois
manières d'être :

1° Elle est continue ; 2° elle est remittente ;
3° elle est intermittente.

Toujours, d'après le même auteur, la gastralgie continue est une forme grave non-
seulement à cause de la douleur dont la persistance finit par ébranler tout le système
nerveux, mais encore pour les altérations
profondes que subit la nutrition, et qui jet-

tent le malade dans un marasme et un dépérissement voisin de la mort.

Sous le rapport hydrologique, dit encore le savant inspecteur de Pougues, la gastralgie continue ne doit attendre des eaux minérales qu'une aggravation et non un soulagement.

M. Roubaud pense que l'excitation produite par n'importe quelle eau minérale serait un aliment de plus à l'irritation déjà existante ; ce serait, comme on le dit vulgairement, jeter de l'huile sur un brasier ardent.

Cependant M. Roubaud reconnait que cette règle n'est pas absolue, et qu'il est des cas où la médication hydro-minérale peut être appliquée avec avantage à la gastralgie continue : c'est lorsque l'affection de l'estomac est sous la dépendance de la chlorose, de l'anémie, et de la chloro-anémie. Dans ces cas, la gastralgie n'est point une maladie essentielle ; ce n'est plus qu'un symptôme qui doit disparaître avec l'état morbide qui l'entretient, et, comme les états chlorotique et anémique sont essentiellement tributaires des eaux minéra-

les, il s'ensuit que la gastralgie continue,
mais déterminée par un appauvrissement du
sang, doit trouver sa guérison dans le traitement qui fera cesser la chlorose et l'anémie.
Mais, en dehors de ces circonstances, la gastralgie continue devra chercher dans la thérapeutique ordinaire des ressources qu'elle
ne rencontrerait pas dans la thérapeutique
hydro-minérale.

Est-il bien exact de dire que la gastralgie
continue ne doit attendre des eaux minérales
qu'une aggravation et non un soulagement?
non, certainement non.

« Les maladies gastro-entéralgiques, assure
M. Liétard, sont celles contre lesquelles on
obtient à Plombières les plus beaux succès.

« Dans les névropathies abdominales, dit
M. Hutin, et particulièrement dans les gastro-entéralgies, les eaux de Plombières jouissent de la plus incontestable efficacité ; je n'ai
jamais vu de maladies de ce genre résister à
leur usage bien dirigé.

Un célèbre inspecteur de Néris, auquel
j'étais uni par les liens du sang et de l'amitié,

M. Richond-des-Brus, employait avec un grand succès les eaux de cette station thermale contre les gastro-entéralgies idiopathiques.

M. le Dr Nepple assure avoir obtenu des succès inespérés dans les gastro-entéralgies qu'il traitait avec les eaux minérales de Saint-Alban.

Les Drs Tempier et Socquet ont préconisé les eaux de Condillac dans les gastralgies. MM. Vincent Duval et Rognetta ont rendu le même témoignage sur la vertu curative des mêmes eaux dans les mêmes maladies.

Andriez et Dupraz emploient les eaux d'Évian avec un succès qui trompe rarement leur attente, contre les gastro-entéralgies simples ou idiopathiques.

Les eaux d'Alet se sont acquis, à Paris surtout, une faveur marquée dans le traitement des gastralgies.

M. Pâtissier pense que les gastralgies sont les affections où l'on observe les résultats les plus satisfaisants de l'empoi des eaux.

Il nous semble inutile d'insister plus long-temps sur ces citations déjà trop longues pour

prouver qu'en proscrivant toute eau minérale
du traitement des gastralgies simples idiopathiques, M. Roubaud est allé trop loin.

J'ai cru trouver l'explication de cette exclusion dans la différence de composition chimique de nos eaux avec celles de Pougues.

Les eaux de Pougues sont très minéralisées (3 gr. 833) elles contiennent 0,020
de fer : les eaux de Vals (Marie) n'ont que
1 gr. 400 de principes minéralisateurs, et ne
contiennent presque pas de fer.

J'ai depuis longtemps acquis la conviction,
conviction basée sur de nombreuses observations concluantes, que l'eau de la Marie de
Vals, soit pure, soit coupée avec des sirops,
possède une action spéciale contre les gastralgies et les gastro-entéralgies. En effet,
dans le plus grand nombre de cas, la guérison s'opère sans accélération, apparentes du
moins, de la circulation, sans trouble, sans
agitation, et par conséquent sans cette excitation produite par n'importe quelle eau minérale. On ne peut donc pas attribuer à une
dérivation, à une perturbation, à une révul-

sion, ou à des crises la guérison de ces affections, et on est bien obligé de reconnaître que cette eau a opéré une action altérante sur la muqueuse gastrique, dont elle a modifié les fâcheuses dispositions, et qu'elle a produit sur le système nerveux une action sédative. Cette action ne pourrait-elle pas être attribuée aux carbonates de soude, de chaux, de magnésie qui, en pareils cas, jouissent d'une efficacité réelle? n'est-ce pas au moins ce qu'on observe journellement pour les remèdes dont la chaux et la magnésie sont la base?

Mais, objectera-t-on, l'eau de la Marie ne possède qu'une quantité insignifiante de chaux et de magnésie.

Est-on bien sûr, en hydrologie médicale, que les substances ne varient dans leur action que du plus au moins? Celles-ci ne produisent-elles pas des effets différents suivant l'assimilation plus ou moins facile qui s'opère dans le tube digestif? le protochlorure de mercure, à de faibles doses, ne provoque-t-il pas plus rapidement la salivation qu'administré dans de fortes proportions? l'arsenic, poi-

son violent, ne devient-il pas, dans certaines
conditions, un remède héroïque? N'est-ce pas
à la présence de cet agent que les eaux, peu
minéralisées du Mont-Dore, de Plombières,
etc., doivent une grande partie de leurs ver-
tus thérapeutiques? Que peut-il y avoir de
commun entre les merveilleux arcanes qui
président à la vie et nos idées de poids et de
mesures? Jamais, d'ailleurs, quoiqu'on fasse,
quoiqu'on dise, les résultats de l'observation
clinique ne pourront être infirmés par des
considérations chimiques.

Loin de moi la pensée de méconnaître les
immenses découvertes de la chimie, mais j'ai
toujours pensé, qu'en médecine, *les sciences
doivent servir les études cliniques et non les
dominer.*

Il arrive souvent que *l'élément douleur* est
augmenté par l'emploi de l'eau de la Marie en
boisson : pour faire disparaître cet effet de la
sensibité exagérée de l'estomac ou des intestins, et pour combattre celle-ci avec succès,
il n'est pas d'agent médicamenteux qui soit
préférable au chlorhydrate de morphine. Sous

l'influence de ce moyen, soit en potion, soit
en pilules, *l'élément douleur* cède comme par
enchantement. Alors on reprend l'usage de
l'eau de la Marie et de la Saint-Jean, soit pure,
soit coupée avec le lait, le bouillon de veau, ou
édulcorée avec un sirop adoucissant. On voit
de cette manière des digestions, jusque là
impossibles ou très difficiles, s'accomplir avec
une absence absolue de sensations pénibles.

Si, par une disposition individuelle, la morphine est mal supportée, je la remplace par
l'extrait de la belladone donné en pilules. Deux
ou trois de ces pilules, prises à une distance
de demi-heure, après chaque repas, produisent, à peu de chose près, le même résultat
que la morphine.

En thèse générale, il convient d'employer
ces deux moyens pendant les crises douloureuses, lesquelles arrivent, presque toujours,
par l'ingestion des aliments, et c'est en insis-
tant sur l'administration de ces sédatifs par
excellence, tant que les exacerbations se font
sentir, qu'on arrive, avec l'emploi multiple
de nos eaux et d'un bon régime, à vaincre

la constipation et à guérir les gastro-entéralgies.

Pendant tout le temps que dure le traitement, je recommande expressément un excercice musculaire modéré. Aujourd'hui tous les praticiens savent que le système nerveux a d'autant plus de puissance que les systèmes sanguin et musculaire ont moins d'énergie ; réveiller l'action des muscles par le mouvement, dériver vers la périphérie du corps la force exubérante des grands centres nerveux est une médication que l'on doit ici associer aux moyens hydrothérapiques. Il faut aux gastralgiques le mouvement, le grand air, le soleil et l'espace.

« Dans l'état actuel des choses, dit M. L. Fleury, il existe une tendance générale à rattacher toute souffrance gastrique, tout trouble de la digestion stomacale à une lésion organique ou nerveuse de l'estomac. Les uns, croyant posséder les éléments d'un diagnostic positif et certain, prescrivent hardiment *à priori* la diète, les sangsues, les vésicatoires, les cautères pour combattre l'élément phleg-

masique, ou bien l'alimentation substantielle,
les toniques, le fer, pour dominer l'élément
nerveux ; les autres, moins confiants dans leurs
lumières, se serviront du traitement comme
d'une pierre de touche pour établir un diagnostic *à posteriori*, et conseillent, d'abord,
qui la médication antiphlogistique, qui la médication tonique, se réservant, en cas d'in-
succès, de suivre la voie opposée. »

On ne tient pas assez compte de *l'élément
nerveux*. Que risque-t-on, dit un auteur, en
cherchant, avant toutes choses, à diminuer
la susceptibilité nerveuse et par conséquent
à calmer la douleur (1)? Rien, absolument rien :
car en supposant que le système nerveux ne
jouerait qu'un rôle secondaire dans une maladie, il y aurait toujours de l'avantage à en

---

(1) La douleur n'est désirable que lorsque la vitalité
semble s'affaiblir, dans ce cas elle devient le signe de
la réaction vitale, et l'on doit bien se garder de la
comprimer puisque la sensibilité est le signe sensible,
l'enjeu de l'élément nerveux ; mais, ce cas excepté,
on peut dire qu'en apaisant la douleur on a gagné la
moitié de la maladie.

écarter la douleur. Loin de nuire à la connaissance des désordres auxquels le médecin
est appelé à remédier, la méthode calmante
lui permettra plus aisément d'en découvrir la
cause, d'en mesurer l'étendue ; et si, comme
cela arrive souvent, ces désordres ne sont dûs
en grande partie qu'à un état d'irritabilité
nerveuse, le médecin qui aura su reconnaître
ce caractère physiologique épargnera bien des
souffrances à son malade ; celui-là ne formu-
lera pas à tort et à travers, il ne prescrira
pas une foule de remèdes, souvent contra-
dictoires, il ne couvrira pas les malheureux
patients de vésicatoires, de cautères ou de
sangsues, mais il portera le beaume consola-
teur sur les parties offensées *dans leur vitalité nerveuse, et en y portant le calme au
lieu de la douleur, il aura rendu la guérison
plus facile et plus prompte.*

Chez certains gastralgiques, en effet, je
me suis bien trouvé de l'emploi continu d'un
régime adoucissant, que beaucoup supportent
admirablement bien. J'ai l'habitude de leur
prescrire une nourriture suffisante pour en-

tretenir leurs forces ; je les nourris avec des substances farineuses, telles que le pain blanc bien cuit, le riz, le vermicelli, la semoule, le tapioca, le sagou, le salep, les viandes blanches, comme celles de poulet, de veau, d'agneau, des poissons, des œufs frais, des légumes tendres ; tous ces aliments, de facile digestion, contiennent une assez grande quantité de matières alibiles.

Dans quelques cas, plus rares, alors que l'affection gastralgique est ou parait devoir se compliquer d'un état anémique, j'ordonne avec le traitement thermal un régime plus substantiel et l'usage du vin.

Quoiqu'il en soit, observe M. L. Fleury, les gastralgiques, dont l'existence est empoisonnée par la souffrance, finissent par confondre dans un même anathème et la médecine et ses représentants officiels, grands ou petits, ignorés ou illustres, et après avoir essayé encore de l'homéopathie, de l'électrisation, ils se livreront corps et âme, et sans retour, à la médecine clandestine et aux charlatants.

Dans le traitement de ces affections, la

tâche du médecin n'est ni facile, ni agréable.
— Que de patience il faut ! que de courage !
pour écouter tous les discours, toutes les doléances, toutes les absurdités que débitent
ces malades dont la plupart deviennent noso-
manes ! que de patience il faut pour leur persuader qu'aucune médication ne pourra les
guérir en quelques jours et que la persévérance est la première condition de leur guérison ? Pour cela, il faut que le médecin qui
les soigne fasse appel aux meilleures inspirations de son intelligence et de son cœur, de
son habileté et de son humanité. Un jour il
faut les écouter avec patience, compâtir à leurs
souffrances, leur en laisser paisiblement dérouler le tableau, les prendre par la douceur ;
le lendemain, dès le premier mot, il faut couper court à leurs divagations, les dominer par la
raison et leur faire sentir le joug de l'autorité.

Même, en se soumettant à toutes les exigences de cette pénible tâche, que de fois le
médecin a le regret de voir tous ses efforts
se briser contre l'invincible résistance d'une
idée fixe.

La marche, la durée, la terminaison de la gastralgie varient suivant un grand nombre de circonstances.

Lorsque la névrose gastrique est idiopathique, simple, lorsque sous l'influence d'une cause morale, d'une mauvaise alimentation, de fatigues excessives, d'excès onaniaques, de la présence des vers intestinaux, d'un corset trop serré ou mal fait, d'un modificateur accidentel quelconque, qu'elle se développe chez un sujet bien constitué, d'un bon tempérament, sain d'ailleurs d'esprit et de corps, il suffit ordinairement de supprimer la cause pour faire disparaître les accidents. *Sublatâ causa, tollitur effectus,* et si ceux-ci persistent, un traitement rationnel ne tardera pas à en faire justice.

Il n'en est pas ainsi, le plus souvent, lorsque la gastralgie se montre chez un sujet débile, d'un tempérament très lymphatique ou très nerveux. La gastralgie, dans ce cas, peut être la conséquence, l'effet de l'état général de l'économie et alors on conçoit parfaitement que les troubles gastralgiques, qui ne sont qu'un symptôme, ne peuvent disparaître que quand on est parvenu à modifier l'état général lui-même, lequel joue ici le rôle de cause; mais les choses peuvent, dans les mêmes conditions, se passer d'une manière différente. Parfois, c'est sous l'influence d'une cause locale accidentelle que la gastralgie se développe, et l'on se figure alors que l'adage latin que nous citions tout à l'heure va encore être justifié par l'événement; mais il n'en est rien; l'état général, qui précédemment et pendant longtemps chez quelques-uns, n'avait point par lui-même porté atteinte à l'intégrité des fonctions digestives intervient consécutivement; lorsqu'une fois celles-ci ont été troublées par un modificateur quelconque, et s'il n'a point directement provoqué les accidents gastralgiques, s'il n'a joué, tout au plus, à leur égard, que le rôle de cause prédisposante, il devient, à posteriori, une raison d'être organique dont il faut désormais tenir compte, qu'il faut combattre et vaincre pour ramener l'estomac à des conditions normales et satisfaisantes.

Or, les états organiques généraux, ceux

surtout qui se rattachent à la constitution et
au tempérament, ne sont pas toujours faciles à modifier; toutes les ressources de la matière médicale n'y échouent que trop souvent,
et alors on voit les gastralgies durer pendant
plusieurs années soit d'une manière continue,
soit irrégulièrement; disparaissant, pour bientôt se montrer de nouveau.

Malheureusement, on n'a voulu voir dans la
question de la spécificité qu'une affaire de plus
ou de moins : on a eu le plus grand tort : jamais,
quoiqu'on fasse, la roséole ne deviendra la
rougéole, pas plus que la varicelle ne se trans-
formera pas en variole, et le simple catarrhe
bronchique en coqueluche. Ces maladies ont
toutes leurs caractères spécifiques, absolus,
invariables, qui les différencient nettement les
unes des autres, quelle que soit d'ailleurs la gravité de ces diverses affections ; et la spécialité
demeure tellement incontestable, et elle va
si bien s'insérer par l'organisme, que, pour
reconnaître une espèce nosologique, il n'est
pas besoin de rencontrer un groupe de symptômes spéciaux, mais qu'il suffira souvent d'un

seul mot, pour permettre la reconstitution de la phrase pathologique toute entière.

15e OBSERVATION.

Gastralgie. A la suite de violents chagrins domestiques, un propriétaire aisé d'un département voisin éprouva de vives et continuelles douleurs d'estomac qui, quoique combattues avec assez d'énergie par plusieurs médications plus ou moins rationnelles, résistèrent avec une grande opiniâtreté.

Las de toujours souffrir, ce malade se rendit à Vals en 1852. A cette époque, je ne connaissais pas encore toutes les ressources thérapeutiques qu'on peut retirer de l'emploi de nos eaux lorsqu'on sait les manier avec cette hardiesse et cette persévérance que de nombreux succès ont justifiées ; aussi, fus-je tenté, après avoir écouté l'exposé que me fit ce malade de l'affection singulière dont il était atteint, de le renvoyer sans lui laisser commencer un traitement qu'il regardait comme la dernière ressource qu'il voulait employer contre une maladie bien grave.

Le malade est âgé de trente-trois ans, il est de haute stature, d'une constitution forte et robuste, d'un tempérament bilioso-nerveux, de passions vives et ardentes, d'un caractère énergique, emporté, colérique même quand il est contrarié, mais habituellement et naturellement bon, doux, affable et d'habitudes calmes et paisibles.

Il y a de cela quinze mois, ce malade éprouva un de ces malheurs qui brisent l'existence des hommes qui sont nés pour sentir vivement un de ces outrages si communs et pourtant si redoutés, qui rendent ridicules ceux qu'il faudrait plaindre et consoler.

Après avoir acquis la conviction de son *déshonneur*, le malade chassa honteusement du domicile conjugal la mère de ses enfants, celle qu'il avait tant aimée, et qu'il aimait encore. Dès ce moment, il n'eut plus un moment de repos; il ne mangea plus, il ne put plus dormir. Dans son désespoir, il chercha dans l'ivresse l'oubli de ses chagrins; il but outre mesure des liqueurs fortes. Deux mois de l'usage abusif de l'absinthe et du rhum suffirent pour déterminer des douleurs épigastriques tellement vives, tellement violentes, tellement persistantes que le malade fut obligé de suspendre l'emploi de toutes liqueurs fortes et de se mettre entre les mains d'un médecin.

Un traitement antiphlogistique énergique fut employé pour combattre les accidents épigastriques qui avaient acquis en deux mois une violence extrême. Après un mois de traitement, le malade se trouvait mieux, mais cependant il éprouvait encore des douleurs d'estomac, moins vives, moins continuelles; il lui semblait qu'il avait repris un peu d'appétit, mais cet appétit était capricieux, bizarre et portait tantôt

sur des aliments crus et peu nourrissants ; tantôt sur
des aliments substantiels et de haut goût. La soif était
tantôt vive et tantôt nulle, le vin pur convenait pendant une semaine, mais après sept à huit jours il dé-
terminait d'assez vives douleurs épigastriques ; alors,
il fallait remplacer le vin par l'eau pure pendant quatre
à cinq jours ; après quoi c'était le vin qui remplaçait
l'eau *et vice versa*.

Un mois environ après le traitement énergique qu'on
avait employé pour enrayer les accidents épigastriques
qui tourmentaient tant le malade, des *tremblements
nerveux* se manifestèrent aux mains ; d'abord ces tremblements furent peu prononcés, mais, en moins d'un
mois, ils devinrent assez apparents pour inquiéter le
malade, qui s'aperçut aussi que sa démarche était beaucoup moins assurée et presque titubante.

On opposa, sans succès, à ces mouvements choroïdes tous les moyens qu'on emploie généralement contre
cette triste et grave affection.

Etat du malade à son arrivée à Vals. Ce qui me
frappa de prime abord chez ce malade, ce fut l'état
de souffrance, d'abattement, de découragement,
d'imbécilité répandu sur une figure noble et belle, aux
traits réguliers et énergiquement prononcés.

L'amaigrissement est considérable, la faiblesse extrême, la peau est sèche, rugueuse, parcheminée, d'un
brun jaunâtre, les dents sont dans un état parfait de
conservation, les gencives sont un peu épaisses et com-

me infiltrées, la langue est naturelle, il m'est impossible, par la palpation, la pression, la percussion de trouver quelques lésions des organes digestifs ; la constipation existe, mais elle ne fatigue nullement le malade, l'émission des urines est facile.

Les idées du malade sont saines, mais elles sont lourdes, il éprouve, et cela plusieurs fois par jour, sans cause appréciable, des compressions, des serrements de cerveau très pénibles; pendant que ces phénomènes cérébraux se font sentir, le malade éprouve des palpitations de cœur et des étouffements dans les poumons; de plus, il s'est aperçu que les mouvements choroïdes deviennent plus forts et que sa démarche est beaucoup moins assurée. Tous ces accidents se dissipent, disparaissent quand cessent les compressions et les serrements du côté du cerveau.

Après vingt jours de l'usage de l'eau de la Chloé en bains, en boisson, en affusions, ce malade se trouvait mieux. L'appétit était bon, le sommeil régulier, les serrements, les compressions de tête avaient complètement cessé, la démarche était franche, les mouvements choroïdes nuls ; les traits de la face avaient repris leur animation; de ce côté c'était réellement une véritable résurrection. Il faut vraiment avoir été témoin de pareils faits pour les croire, et cependant, toutes les années, des guérisons étonnantes autant que nombreuses ont lieu dans notre station thermale.

16e OBSERVATION.

Gastralgie boulimique. Une jeune ouvrière du département de la Lozère, à la suite de chagrins d'amour, sentit, il y a de cela trois ans (1857), qu'elle ne pouvait plus prendre aucune nourriture sans éprouver d'abord une grande pesanteur, puis une douleur sourde, puis encore des douleurs aiguës, qui augmentaient de minute en minute et finissaient par devenir atroces. Ces douleurs ne duraient pas moins de trois ou quatre heures. Après ces crises, la malade se trouvait anéantie, et ne pouvait plus se livrer à ses occupations habituelles,

Plusieurs médecins opposèrent à cette affection des moyens divers, mais tous rationnels. Ces moyens eurent pour résultat d'amoindrir les souffrances, de rendre les digestions moins douloureuses, plus faciles et de permettre à la malade un travail journalier dont elle ne pouvait se passer.

Cependant cette jeune ouvrière éprouvait toujours, quand venait l'heure des repas, un pressant besoin de manger, besoin qu'elle satisfaisait à la hâte, afin de profiter d'un moment qu'elle employait à faire une promenade aussi rapidement que possible pour obtempérer à un autre besoin, tout aussi impérieux, celui de la locomotion.

Voici, en peu de mots, ce qui était arrivé, et ce qu'elle avait laissé ignorer aux médecins qui l'avaient

soignée, dans la crainte qu'ils n'en donnâssent connaissance à ses parents, déjà trop vivement affectés
de sa triste position.

Du jour où cette jeune fille se vit abandonnée par
celui qui lui avait juré tant de fois de l'épouser, elle
pleura, se lamenta et résolut de se laisser mourir de
faim. Plus fort, plus impérieux que sa volonté, le
besoin de manger ne tarda pas à se faire sentir d'une
manière irrésistible, mais quand elle voulut le satisfaire, elle éprouva, après avoir pris quelques bouchées
d'un pain noir et dur, des douleurs atroces dans l'estomac. Appelé à la hâte, le médecin de la localité,
croyant à un empoisonnement, ordonna un vomitif qui
produisit un mauvais résultat, puis, comme les douleurs épigastriques persistaient avec violence, il pres-
crivit quelques gouttes de laudanum dans un peu d'eau
sucrée, des cataplasmes à l'épigastre, des bains entiers, etc., etc. Ces divers moyens calmèrent les souffrances.

A partir de cette époque, chaque fois que la malade
mangeait, quelles que fussent d'ailleurs la nature et
la quantité des aliments qu'elle ingérait, elle éprouvait dans l'estomac des douleurs d'une violence inouïe
qui semblaient tordre cet organe, ou plutôt le broyer
en le tordant. Ces douleurs étaient aussi longues qu'elles
étaient poignantes, et ne se calmaient que lorsque la
malade avait pris une assez forte dose de laudanum
(de vingt à trente gouttes).

Etat actuel de la malade. La malade est âgée de vingt ans à peine, elle est de petite taille, d'une constitution frêle, d'un tempérament nerveux et d'une grande impressionnabilité. Jusqu'à sa crise, elle n'a jamais été malade sérieusement; réglée à seize ans, sans accident, elle n'a rien éprouvé d'anormal du côté de la menstruation, même pendant sa terrible malad

On constate à la première vue : amaigrissement très prononcé, peau sèche, rugueuse, écailleuse aux bras et aux jambes, cheveux rares et courts, yeux brillants d'un éclat étrange, facies souffrant, langue large et fendillée dans tous les sens, pouls petit et dur, constipation opiniâtre, urines claires et abondantes, sommeil court, agité, interrompu par des rêves aussi bizarres que désagréables.

Explorée avec un soin tout particulier, toute la capacité abdominale ne nous offre rien d'anormal soit au toucher, soit à la pression, soit à la percussion, alors même qu'on fait ces explorations pendant que la malade souffre de vives douleurs.

Dix à quinze minutes après avoir pris un simple bouillon ou un léger potage au gras ou au maigre, la malade éprouve un malaise général, un sentiment de fatigue, un froid intense, une oppression extrême, puis surviennent des douleurs d'estomac qu'elle compare aux morsures d'un animal qui la mordrait avec des dents longues et aiguës et qui chercherait à lui enlever cet organe par des mouvements brusques et saccadés. Ces douleurs persistent pendant une heure ou deux et diminuent petit à petit. Mais ces douleurs ont à peine cessé que le besoin de manger se fait sentir, et devient, dans l'espace de deux heures, si pressant, si impérieux, si irrésistible que la malade est obligée de le satisfaire. Elle a même observé, que plus elle tarde à manger, plus longues, plus douloureuses, plus poignantes sont les douleurs qu'elle éprouve.

Ainsi, manger et souffrir, souffrir et manger, puis manger encore pour souffrir encore, tel est le cercle autour duquel tourne et retourne sans cesse la pénible existence de cette infortunée.

La malade a observé que lorsqu'elle mange de la bonne viande de mouton bouillie ou rôtie, les douleurs épigastriques et tout le douloureux cortége des phéno-mènes morbides qui les précèdent ou les accompagnent sont moindres que lorsqu'elle mange de la soupe mai-gre, du laitage, ou des farineux; elle a aussi observé que lorsqu'elle prend trop ou trop peu de nourriture, elle souffre davantage.

Il est donc avéré, reconnu, incontestable que la réplétion, comme la vacuité de l'estomac provoquent également chez cette jeune fille des douleurs longues et d'une extrême violence. Une circonstance à noter, c'est que la malade n'éprouve jamais le besoin de boire et qu'elle a pour l'eau fraîche une grande répugnance; elle se figure que cette espèce d'horreur qu'elle éprouve pour l'eau rendra son traitement hydro-minéral infruc-

tueux, en ce sens qu'elle ne pourra jamais avaler trois
ou quatre verres d'eau minérale pure et fraîche.

Pendant l'écoulement du sang menstruel, souffrez-
vous davantage ? — J'ai quelquefois quelques envies de
vomir et un léger sentiment de pesanteur au fonde-
ment. — Avez-vous des palpitations de cœur ? — J'en
ai eu, mais depuis six mois je n'en éprouve aucune.
— A quoi attribuez-vous l'absence du sommeil et les
bizarreries de vos rêves ? — Je n'en sais absolument
rien ; à moins toutefois qu'on ne puisse les attribuer
aux continuelles préoccupations que j'ai par suite des
craintes que j'éprouve de ne pouvoir guérir, et aux
cuisants remords, aux vifs regrets que me donne la
certitude d'avoir, par ma conduite aussi insensée que
coupable, occasionné des peines bien pénibles à mes
chers parents. — Avez-vous oublié celui qui avait su
vous inspirer un si grand amour ? — Il est mort. Il ne
faut donc plus en parler : sa mémoire, malgré ses torts,
me sera toujours chère... Je vis une larme poindre à
la paupière de la jeune malade, dont le visage se co-
lora ; j'avais touché la corde sensible, ouvert peut-être
une plaie qui saignait encore... Je me tus.

Je prescrivis à la malade quatre demi-verres d'eau
de la Marie le matin et trois le soir, plus un bain alcalin avec frictions alcalines sur tout le corps au moyen
d'une éponge, puis d'un linge assez rude pendant toute
la durée du bain.

J'engageai la malade à se distraire, à faire de petites

courses, à tacher d'oublier ses chagrins, et tout ce qui avait pu les occasionner.

Huit jours de ce traitement suffirent pour produire une amélioration sensible et d'autant plus favorable que la malade put par elle-même juger que nos eaux lui convenaient et qu'elles pouvaient la guérir, en les prenant convenablement.

Au quinzième jour du traitement thermal, la malade en était arrivée à prendre quatre verres d'eau de la Marie le matin et autant le soir, sans y comprendre celle qu'elle buvait à ses repas ; elle la prenait avec plaisir. Le bain, les frictions alcalines lui donnaient de la force, de la vigueur, de la gaîté. Déjà à cette époque du traitement hydro-minéral, la peau semblait reprendre un peu d'animation, celle de la figure surtout se couvrait d'un léger coloris, la constipation avait cédé, les urines sont franchement alcalines, le sommeil était réparateur, etc., etc.

L'amélioration du côté de l'estomac était encore plus sensible ; les digestions n'étaient plus aussi douloureuses, aussi longues, et le besoin de prendre ne se faisait plus sentir avec autant de violence. La malade était ravie de son état, elle espérait une guérison qui ne tarda pas à être complète. En effet, après un traitement d'un mois, notre intéressante malade quitta Vals n'éprouvant aucun des nombreux phénomènes morbides qui l'y avaient amenée ; et depuis sa santé est restée parfaite.

17e OBSERVATION.

Gastralgie. — *Spermatorrhée.* M. A... domestique
dans une bonne maison, est un grand et beau jeune
homme aux formes aristocratiques; son tempérament
est nerveux, son caractère, doux en apparence, est
cependant violent et emporté. Né dans un pays pauvre
de parents plus pauvres encore que son pays, il resta
malingre, souffreteux, malade jusqu'à sa vingtième
année.

Après avoir été exempté de la conscription militaire
comme faible de constitution, notre malade entra,
comme garçon, dans un café. Là, bien vêtu, bien nourri,
bien couché. M. A... ne tarda pas à voir se former une
constitution qu'on avait cru faible. En effet, au bout
d'un an M. A... était un beau et solide gaillard capable par la force, la taille, la constitution de figurer
avantageusement dans un régiment de carabiniers. Ce
fut à cette époque que M. A... fit la connaissance d'une
femme mariée qui eut la perversité de donner à ce
malheureux enfant des excitants capables de le porter
à des excès qui rendent les passions honteuses, brutales,
insatiables. Deux mois suffirent à cette Messaline de bas
étage pour faire de ce jeune et vigoureux jeune homme
un véritable squelette ambulant.

Pour comble de malheur, M. A..., pour toujours
dégoûté des femmes, se livra avec fureur à des manœuvres onaniaques. Ne pouvant plus travailler, il en-

tra à l'hôpital de N... Surpris en flagrant délit à plusieurs reprises par un de ces anges que la religion et la
charité ont placé au chevet des lits des malades pour
soigner le corps comme pour diriger l'âme, il fut cha-
ritablement averti du danger que courait sa vie s'il
ne cessait à l'instant ces manœuvres pernicieuses
autant que coupables. La sœur qui lui donnait ce salutaire conseil, parlait avec toute l'autorité que donne
l'âge et toute une vie passé dans l'abnégation la plus
absolue, elle le faisait avec cette voix calme, mais ferme,
convaincue, signe touchant de la vérité. Les désastreuses
manœuvres auxquelles s'étaient si longtemps et si im-
prudemment livré M. A... cessèrent. Une nourriture
substantielle et abondante répara en peu de temps tous
les désordres produits par deux passions également
funestes, et le malade put quitter l'hôpital après un
séjour de trois mois.

M. A... entra comme valet de chambre chez un
riche propriétaire. La bonne nourriture rendit au malade promptement ses forces. Alors il s'aperçut à son
grand étonnement qu'il éprouvait d'assez fréquentes
pertes séminales involontaires. A dater de cette époque,
les fonctions des voies digestives furent profondément
troublées et offrirent la plupart des symptômes qui ca-
ractérisent les névroses gastriques.

Cependant les pertes séminales devenaient journellement plus abondantes et plus fréquentes, et jetaient
le malade dans un état d'affaiblissement, de prostration

tel, qu'à grand'peine pouvait-il se tenir debout, une heure de suite. Les digestions devenaient plus longues, plus pénibles, plus douloureuses. Le malade ne mange que pour souffrir, et s'il ne mange pas, il souffre davantage. Il est triste, découragé, mélancolique et souvent assailli par des idées de suicide.

Etat du malade à son arrivée à Vals. Amaigrissement prononcé, état mental peu rassurant, découragement profond, dégoût de la vie, démarche incertaine, titubante, quelquefois impossible, taille incurvée en avant, voussure des épaules, omoplates comme détachées.

Je n'avais pas seulement à combattre une spermatorrhée, j'avais aussi une gastralgie à vaincre. Il me fut facile de comprendre que pour que le malade put reprendre ses forces, il fallait triompher du trouble profond apporté dans les fonctions de nutrition et d'innervation, c'est-à-dire de donner à l'estomac la faculté d'assimiler ; dans ce but, j'ordonnai l'eau de la Chloé qui contient du fer, du manganèse et de l'acide carbonique, trois moyens éminemment capables d'imprimer à la muqueuse digestive une action favorable.

Sous l'influence de cette eau employée en boisson, en douches, en bains, en lavements, les digestions ne tardèrent pas à devenir plus régulières, moins douloureuses et plus promptes ; des preuves non équivoques de nutrition et d'assimilation ne tardèrent pas à paraître, au grand contentement du malade qui se voyait renaître pour la troisième fois.

Après un traitement de vingt jours, ce malade, qui croyait laisser ses os à Vals, digérait à merveille, dormait bien, marchait encore mieux, avait repris sa gaîté, et n'avait plus de pertes séminales involontaires aussi fréquentes et aussi abondantes:

J'ai appris depuis que ce malade jouissait, en apparence du moins, de tous les attributs de la santé la plus florissante.

18ᵉ OBSERVATION.

Gastralgie. — Spermatorrhée. Un homme des hautes montagnes du Vivarais, âgé de trente-cinq ans, maigre, sec, d'une laideur repoussante, vint, en 1857, me consulter pour une maladie de l'estomac. A la suite de ses digestions toujours douloureuses, ce malade tombait dans un grand état d'alanguissement, état qui devint tellement grave, qu'il l'obligea de renoncer à travailler (il était menuisier). Il avait la tête lourde, pesante; il y éprouvait des serrements, des douleurs violentes et quelquefois même intolérables, il avait des maux de reins qui ne lui permettaient pas de rester longtemps debout, il éprouvait, dans toute l'étendue des membres pelviens, surtout à la partie extérieure des fourmillements précédés ou suivis d'un froid glacial ou d'une chaleur mordicante; ses idées étaient tristes, mélancoliques, incohérentes.

J'avais évidemment affaire à un gastralgique, mais

9

la gastralgie ne me donnait pas raison de tous les symptômes qu'éprouvait le malade.— N'avez-vous pas, dans votre maladie, consulté d'autres médecins que moi ? — J'en ai consulté plusieurs, j'ai même une consultation du chirurgien en chef de l'Hôtel-Dieu de Lyon, M. Desgranges.

Après m'être assuré que presque tous les médecins consultés lui prescrivaient les bains et les lotions avec l'eau froide de rivière, je compris que j'étais en présence d'un homme qui se livrait depuis de longues années à la masturbation. Interrogé convenablement, le malade m'avoue péniblement, mais d'une manière sincère, que depuis sa dix-neuvième année il se polluait avec une coupable complaisance ; que depuis un an seulement, il avait complètement renoncé à cette funeste habitude non pas volontairement, mais forcément, attendu qu'il n'avait plus éprouvé de véritables érections, qu'elles que fussent les incitations qu'il eût mises en œuvre pour les provoquer.

Aux manœuvres onaniaques, pratiquées, s'il faut en croire le malade, avec une fréquence et une fureur incroyables, succédaient des pollutions nocturnes involontaires qui l'ont jeté dans un si pitoyable état, soit au physique, soit au moral.

Ces pollutions nocturnes involontaires ont lieu souvent au milieu d'un rêve pénible autant que bizarre et jettent le malade dans un état d'alanguissement, de faiblesse inexprimable. Une sueur froide, visqueuse,

couvre le front et le visage, une douleur tensive, extrême presse les tempes et cercle la tête, le gosier est sec,
la langue embarassée, le cœur bat avec violence, la
respiration est courte, pénible, suffocante.

Le malade est d'une maigreur extrême, les yeux,
qu'il a fort laids, sont timides, honteux; la peau du
visage est d'une couleur blafarde, un peu anémique; la
langue est large, sale, froide, le pouls petit et serré,
les organes thoraciques en assez bon état, l'estomac,
qui remplit à peine ses fonctions, est le théâtre de
nombreux phénomènes gastralgiques.

Prescriptions. Bain alcalin, frictions de même nature que le bain, six demi-verres d'eau de la Chloé le
matin immédiatement après le bain, et quatre demi-
verres le soir, un lavement avec l'eau de la Dominique,
au saut du lit, et un autre lavement, avec la même
eau, le soir en se mettant au lit.

Après quinze jours de ce traitement, le malade semble
s'apercevoir qu'une amélioration bien marquée s'est
prononcé du côté des voies digestives. Quant aux pertes
séminales involontaires, elles sont toujours les mêmes.
Le malade pense que le moment de doubler la dose de
l'eau minérale est arrivé; il croit que son estomac a
assez d'énergie pour pouvoir digérer sans difficulté six
verres d'eau entiers le matin et autant le soir. J'y consens.
Le malade les boit pendant huit jours, et s'en trouve
bien; les digestions sont bonnes ainsi que le sommeil,
les forces reparaissent et deviennent de jour en jour

meilleures , les pertes séminales sont moins fréquentes et moins abondantes, et au réveil le malade est moins fatigué. Alors, voyant son état s'améliorer, il conçoit l'espoir d'une guérison prochaine et durable , et consacre encore huit jours à son traitement hydro-minéral. Cette prolongation lui fût très favorable. En effet, à l'époque de son départ de Vals, ce malade n'était plus le même homme, tant il avait gagné en bonne mine. Du côté des organes génitaux, l'amélioration était évidente en ce sens que les pollutions nocturnes involontaires étaient presque nulles , et qu'il croyait avoir éprouvé quelques velléités d'érection.

Ce malade nous quitta en bonne voie de guérison. Je n'ai , depuis son départ, reçu de ses nouvelles. J'ignore donc s'il est entièrement guéri ou s'il y a eu récidive.

19e OBSERVATION.

Gastralgie. — *Leucorrhée.* Mlle X..., âgé de vingt-deux ans, d'une taille élevée, d'une constitution puissante, d'un tempérament nervoso-sanguin, d'un caractère ardent, impressionnable à l'excès, n'avait jamais éprouvé de maladie sérieuse pendant son enfance.

Depuis qu'elle est sortie de pension, c'est-à-dire depuis quatre ans, Mlle X..., est occupée toute la journée à des travaux d'aiguille dans une maison triste et sombre, près d'une mère dévote. Cette réclusion continue et forcée a exercée sur cette âme ardente et passionnée un résultat funeste; elle a réveillé, sous l'influence pernicieuse de la lecture assidue de quelques romans qui, sous le prétexte de peindre les passions du cœur, exaltent l'imagination au lieu de l'appaiser, une sensation violente d'érétisme des parties sexuelles, sensation qui ne tarda pas à provoquer des accès hystéralgiques longs et rapprochés. L'excitation utérine réagit vivement sur le cerveau, et dans le long combat que Mlle X...., eut à soutenir contre des désirs continuels et puissants, la pudeur finit par succomber. Alors l'excitation utérine ne connut plus de bornes. En même temps les fonctions des voies digestives se dérangèrent; les digestions devinrent pénibles, douloureuses, quelquefois impossibles et se traduisaient alors par de vives douleurs épigastriques, des flatuosités et se terminaient par des vomissements alimentaires. Sous l'influence de cet état de l'estomac, la malade tomba, au bout de deux ans, dans un état voisin d'une complète émaciation, au point de faire croire à une dégénérescence gastrique.

État de la malade à son arrivée à Vals. Mlle X... est grande, élancée, sa figure est d'une pâleur excessive, pâleur qui contraste avec l'ébène de ses cheveux et de ses sourcils, ses yeux sont bruns, pourvus de longs cils, bien fendus, mais sans éclat, et cerclés d'une large auréole bleuâtre, sa démarche est timide, embarrassée, honteuse, sa pose affectée, mais sans grâce, tous les riches attributs qu'avaient amenés l'âge de puberté ont complètement disparu pour faire place à une maigreur extrême.

Mais, laissons parler la malade : Je ne suis que l'ombre de moi-même, j'ai vu, sous l'influence d'une réclusion forcée, se flétrir ma jeunesse, mes illusions de jeune fille s'envoler, ma santé disparaître faute d'air et surtout faute d'amour sans lequel tout se fane, tout dépérit, tout se meurt. Je n'ai plus d'appétit, plus de sommeil; je n'ai rien pour plaire, la maladie m'a tout enlevé, même l'espérance d'avoir des enfants, si jamais ma mère consentait à me marier. — Pourquoi n'auriez-vous pas des enfants ? — Parce que je suis atteinte d'une maladie qui toujours (la malade appuya sur ce mot) prive les femmes des douceurs de la maternité. — De quelle maladie êtes-vous donc atteinte ? — De fleurs blanches aussi abondantes que dégoûtantes. — Mais on peut guérir cette affection. — C'est possible. Si la cause qui l'a produite ou qui l'entretient existe toujours, cela me paraît bien difficile. — La connaissez-vous cette cause ? — Certainement. (Après un moment d'hésitation,) mais je n'ose vous la dire, tant elle est laide et humiliante, et sa laideur n'est encore rien en comparaison de sa tyrannique persistance. Faut-il vous l'avouer? Je suis sans forces et sans courage où il en faudrait tant. Il y a de cela un an, c'était moi qui sollicitait les organes, aujourd'hui ce sont ces mêmes organes qui réveillent en moi, et malgré moi, le besoin impérieux, irrésistible de coupables manœuvres.

Mlle X... avait raison, une passion aussi coupable que funeste avait, en quatre ans, détruit tous les attributs d'une admirable constitution, tous les trésors d'un esprit cultivé, les sentiments les plus purs, les plus chastes d'une âme aimante; elle avait dissipé les rêves dorés de la jeune fille, et mis à leur place de tristes et funestes préoccupations.

Ma vie n'est plus qu'un long et douloureux martyre, qu'augmente encore l'indifférence de ma mère qui me voit descendre dans la tombe sans la moindre émotion.

Mlle X... ne prend que quelques tasses de bouillon, quelques cuillerées à café de gelée animale ou végétale, quelques biscuits, un peu de lait. Si elle veut prendre, de temps à autre, un peu plus de nourriture, ou quelques bouchées d'aliments plus substantiels, elle éprouve des pesanteurs, des douleurs à la région épigastrique, elle ne dort pas, elle se trouve brisée comme si elle avait beaucoup travaillé ou beaucoup couru, elle éprouve quelques palpitations auxquelles succèdent des lassitudes extrêmes.

Le système nerveux est devenu d'une mobilité extrême et d'une sensibilité inouïe, les sensations agréables ou pénibles bouleversent de fond en comble notre infortunée malade.

Ses lèvres sont pâles, décolorées, les gencives d'un blanc nacré, la langue large, mais nette, l'appétit nul, bizarre, capricieux; les digestions lentes, difficiles, pénibles, douloureuses, se terminant presque toujours par l'émission par la bouche de quelques gaz inodores ou par des borborygmes qui, après avoir parcouru lentement, mais douloureusement les intestins, se font jour par l'anus; la peau est pâle, froide, un peu terreuse et parcheminée; le pouls est petit, pressé, dur, légèrement irrégulier; la constipation opiniâtre, les forces générales anéanties, la malade se traîne plutôt qu'elle ne marche, le moindre mouvement lui coûte, elle a de la peine à gravir l'escalier de l'hôtel, et, si elle l'osait, elle demanderait à coucher au rez-de-chaussée. Parmi les rares instants qu'elle sommeille, la malade est tourmentée par des rêves érotiques, aussi extraordinaires qu'ils sont dégoûtants, et, au réveil, elle éprouve un abattement désespérant. Elle voudrait mourir. Que fait-elle en ce monde, si ce n'est souffrir? Et quelles souffrances? probablement celles des réprouvés.

La menstruation, parfaitement régulière avant la maladie, a cessé de l'être petit-à-petit, et n'existe plus depuis cinq mois. La malade ne s'est pas aperçue qu'elle souffrit davantage depuis la cessation du flux cathaménial.

Depuis quatre mois Mlle X... ressent dans le vagin et à la vulve des chaleurs et des démangeaisons qu'accompagnent des douleurs assez vives mais passagères. L'examen du col de la matrice au moyen du spéculum fait constater un peu de rougeur, un léger engorgement de cet organe et un écoulement mucoso-purulent considérable, d'une couleur jaunâtre et d'une odeur repoussante.

Après avoir fait comprendre à cette infortunée tout le danger que la funeste passion qui la dévorait faisait courir à sa santé, à sa raison, à sa vie même, je lui prescrivis le traitement suivant que la malade suivit très ponctuellement. Eau de la Marie édulcorée avec le sirop de gomme, quatre demi-verres le matin à jeûn, puis un bain alcalin avec frictions pratiquées sur tout le corps, pendant la durée du bain (demi-heure), avec une éponge continuellement imbibée d'eau minérale, injections et lotions vulvo-vaginales avant de sortir du bain. Le soir, quatre demi-verres d'eau de la même source, toujours édulcorée avec le sirop de gomme, puis une douche ascendante rectale et une vaginale.

Sous l'influence de ce traitement continué pendant douze jours, la malade avait éprouvé une amélioration telle que l'espoir de guérir était venu luire à ses yeux, et lui avait donné la force et le courage de continuer un traitement en qui elle n'avait eu qu'une confiance bien médiocre.

A compter de ce jour-là, la malade put boire l'eau de la Chloé, d'abord mélangée au lait; puis pure. Au vingtième jour de son traitement, elle en buvait cinq à six verres le matin et autant le soir, et cela sans fatigue, sans gêne, avec plaisir même. La malade prenait toujours un bain minéral avec frictions, injections, lotions, elle prenait encore le matin et le soir une douche rectale et une vaginale.

Sous l'influence de ce traitement continué pendant un mois, Mlle X... se trouvait beaucoup mieux, elle mangeait de tout et en abondance, et digérait à merveille, elle dormait bien et n'avait presque plus de ces rêves qui l'avaient si fort tourmentée, ses idées noires ne la bourrelaient plus; la leucorrhée était presque tarie, la démarche était assurée, aisée même, les yeux, la peau du visage surtout avait repris un peu d'animation, et, si le désir des manœuvres solitaires venaient, comme d'habitude l'assaillir, elle trouvait, dans sa ferme volonté de guérir, assez de force et de courage pour les repousser et pour les vaincre.

Quand Mlle X... quitta Vals, elle se trouvait dans les meilleures conditions possibles de récupérer cette brillante santé qu'elle avait perdu par sa faute, et qu'elle regrettait si amèrement.

Mlle X... est-elle guérie de la funeste passion qui la dévorait et qui l'avait déjà conduite aux portes du tombeau ? Je l'ignore.

Ce que je sais, c'est que l'onanisme est un monstre qui abandonne rarement les victimes qu'il a profondément touchées de ses dents cruelles.

20e OBSERVATION.

Gastralgie. — Vous désirez savoir quel a été le succès

de la saison thermale pour la plupart des malades valen-
tinois (de Valence, Drôme) que vous avez vu à Vals
cette année, et aussi quel est l'état actuel de Mme N...,
dont la santé s'améliora, l'an dernier, d'une manière
si prompte et si satisfaisante sous l'influence de vos
eaux. Vous me permettrez sans doute de passer brièvement sur la première partie de votre demande. Les malades qu'elle concerne étant presque tous des gastralgiques, et le soulagement qu'ils ont obtenu ne s'étant
point démenti jusqu'a ce jour, il est permis de dire que
les choses se passent chez eux comme dans l'observation
dont voici les détails :

Mme N..., d'un tempérament lymphatico-nerveux,
d'une constitution robuste, quoique frêle en apparence
n'a éprouvé, pendant son enfance, d'autres maladies
graves qu'une fièvre typhoïde et une coqueluche. Après
la puberté, elle fut atteinte d'une chlorose que les traitements les plus rationnels n'avaient qu'imparfaitement
dissipée à l'époque de son mariage, qui eut lieu un peu
après sa dix-huitième année. De l'année 1851 à l'année
1857, cette dame eut trois grossesses et trois accouche-
ments heureux, seulement, pendant chaque grossesse,
les vomissements et les douleurs d'estomac présentaient
une fréquence et une intensité peu communes, et après
chaque accouchement, il survenait une gastralgie presque habituelle, qui se compliquait de temps en temps
avec un retour peu apparent de l'état chlorotique. Les
diverses médications mises en usage, très variées et très

rationnelles (au moins à ce qu'il semblait à moi qui les instituais), ne donnaient que des résultats passagers ou insignifiants. C'est, vous le savez, une particularité qui n'est pas rare dans les gastralgies, ou l'élément douleur constitue à peu près toute la maladie, et où les malades sont exempts de dyspepsie, de constipation et autres altérations notables de la santé.

Tel était le cas de Mme N... que je vous envoyai à la fin du mois d'août de l'année dernière, six mois environ après son dernier accouchement, à un moment où malgré les précautions hygiéniques les mieux observées, les douleurs d'estomac étaient devenues presque insupportables.

Mme N... rapporte, et il faut conserver ses paroles, qu'elle a cessé de souffrir à partir du premier jour où elle a bu à la source Marie. Je n'ai pas à vous rappeler, par quelles gradations bien mesurées, vous avez dû conduire cette malade avant de lui faire employer l'eau de la source la Chloé. Il est à remarquer seulement qu'elle n'a pas échappé à l'effet de superpurgation si fréquent et peut-être généralement utile chez les buveurs de Vals. Sur mon avis, vous aviez en outre soumis Mme N... à l'usage journalier du bain minéral.

Dans ces circonstances, Mme N... dut regagner son domicile après un traitement qui n'avait pas duré plus de douze jours. Elle est revenue de Vals guérie et elle est restée guérie. Voilà comment se conclut et se résume l'observation de son état depuis cette époque. De plus, dans une nouvelle grossesse, les vomissements et les douleurs d'estomac n'ont point dépassé pour cette dame la mesure et la durée ordinaire. Après l'accouchement, nous avons eu la satisfaction de ne voir reparaître ni gastralgie persistante, ni état chlorotique nouveau.

21e OBSERVATION.

Gastralgie. — M. C..., habitant de la Haute-Loire, d'un tempérament sanguin, d'une constitution forte, ayant toujours joui d'une bonne santé, malgré bien des excès de plus d'un genre, contracta, à l'âge de trente-quatre ans, une affection syphilitique dont il ne parvint à se débarrasser qu'à la suite de plusieurs traitements pour la plupart incomplets et mal dirigés. Sous l'influence de cette maladie, de son traitement et surtout des émotions morales tristes qu'il éprouva, M. C... vit son appétit disparaître, ses digestions se déranger, une douleur d'abord légère, se manifesta à l'estomac, puis à la tête, et envahi enfin ces deux parties à la fois avec une intensité vraiment désespérante. Deux années se passèrent pendant lesquelles on mit tour-à-tour en usage les anti-phlogistiques, les stimulants, les toniques, les révulsifs internes et externes, les anti-spasmodiques. A l'aide, ou pour mieux dire malgré l'emploi de tous ces moyens, la céphalalgie et la gastralgie perdirent un peu de leur intensité. Mais M. C... conserva une grande sensibilité gastrique, de l'inappétence, de la constipation, de la difficulté de digérer, un caractère triste et mélancolique. C'est en cet état qu'il se rendit à Vals, en juin 1842. Il commença par boire, pendant quelques jours, l'eau de la Marie, puis il passa à celle de la Chloé, dont il continua l'usage pendant quinze jours, à la dose de trois verres d'abord, puis de quatre, de six, de huit et enfin de douze verres par jour. A la suite de ce traitement, sa santé éprouva une amélioration remarquable. L'année suivante, il vint de nouveau à Vals, où l'eau de la Chloé produisit encore de si bons effets, qu'il vit ensuite son rétablissement revenir peu à peu d'une manière complète. (DUPASQUIER).

22e OBSERVATION.

Gastralgie. — Une dame du département de l'Isère, âgée de quarante ans, d'une constitution forte, d'un tempéramment mixte, d'habitudes laborieuses (elle était maîtresse d'hôtel), à la suite d'une violente cholérine, éprouva des douleurs sourdes au creux de l'estomac, avec pesanteur et quelques vomissements et un besoin continuel de prendre des aliments dont la digestion est lente, pénible, douloureuse. Une alternative de constipation et de diarrhée fatiguait extrêmement la malade.

A son arrivée à Vals, en avril 1852, cette dame est dans un état de maigreur extrême ; elle est triste, mélancolique et d'une grande susceptibilité.

Les sangsues à la région épigastrique, à l'anus, les calmants, les opiaces avaient été vainement employés.

Cette malade prit, pendant huit jours, l'eau de la Marie coupée avec le lait édulcorée avec le sirop de gomme, elle prenait tous les matins un bain domestique qu'elle alternait avec un bain alcalin, elle prit ensuite, pendant quinze jours, de l'eau de la Chloé matin et soir, et un bain d'une heure de durée avec l'eau de cette source qu'on mitigeait convenablement. Au vingtième jour de ce traitement, les fonctions digestives s'étaient régularisées, les forces étaient revenues et permettaient à la malade d'assez longues promenades. J'ai appris d'elle-même que l'amélioration était devenue plus sensible, et avait fini par faire place à la santé.

23e OBSERVATION.

Gastralgie crampoïde. — Un avoué d'Issingeaux (Haute-Loire), que tourmentait depuis longues années des crampes d'estomac, qu'il était obligé de combattre une partie de la nuit par l'application de linges chauds et par de légères et continuelles frictions sur l'abdomen, fut guéri à la suite d'un traitement de vingt jours.

Voici la lettre que m'écrivait M. Chardon, son médecin ordinaire :

Mon cher Tourrette,

M. Champanhac me dit tous les jours qu'il est con-

tent de son voyage de Vals, il n'a presque pas de maux
d'estomac, ses digestions s'accomplissent avec beaucoup
de facilité, il n'a plus cette diarrhée sanguinolante qui
l'avait tourmenté pendant près de deux ans. Enfin il
est tout décidé à faire l'année prochaine un second pé-
lerinage près de la source la Camuse qu'il regarde comme sa bienfaitrice.

Votre ami, CHARDON, D. M. P.

Issingeaux, ce 25 novembre 1858.

24e OBSERVATION.

Gastralgie. Hallucination. — Un ancien capitaine
au long cours qui m'autorise à citer son nom, M. Adol-
phe Rostain, âgé de soixante-sept ans, souffrait, depuis
seize ans, d'une gastralgie qui rendait ses digestions
extrêmement pénibles, surtout celles du repas du soir.
Depuis six ans cet état s'était aggravé à ce point que le
malade ne pouvait plus prendre le soir de nourriture
quelque légère qu'elle fut, sans éprouver une indigestion.
Le matin, les aliments pris, même en quantité très
modérée, étaient difficilement digérés. Un déjeûner
qui, on le comprend, était très peu copieux, ne pouvait suffire à l'alimentation; alors surtout que vers le
déclin du jour le besoin de manger se faisait sentir. Souvent M. Rostain se trouvait dans la pénible alternative
ou de supporter les douleurs de la faim ou de s'expo-
ser à tous les accidents d'une sérieuse indigestion. Ce

défaut d'alimentation eut pour conséquence un amaigrissement et une faiblesse extrêmes, auxquels vint se
joindre facilement un phènomène grave que voici.

Quelquefois, dans la nuit, lorsqu'il était au lit, ou
pendant la soirée, lorsqu'il se trouvait au milieu de
ses enfants, M. Rostain se levait brusquement, gesti-
culait avec vivacité, criait avec force, avec fureur, et
cela pendant une heure entière.

Ce malade a fait de nombreux voyages dans les mers
du Sud. Deux fois il a fait naufrage, une fois il a vu
son navire en feu.

Dans ces crises, M. Rostain croit voir son navire
au milieu d'une affreuse tempête; il le voit à la lueur
des éclairs; il entend le bruit de la foudre, etc., c'est
horrible. Ces hallucinations annéantissaient ce vieux
marin, au point, que pendant les deux ou trois jours
qui suivaient ces crises, il se trouvait dans une prostration extrême.

Plusieurs traitements, très rationnels du reste, avaient
été suivis sans succès; il me paraît donc inutile de les
faire connaître.

Un gendre de M. Rostain vint me prier de donner
mes soins à son beau-père. Je me rendis à l'hôtel où
il logeait; là, après avoir constaté qu'aucune lésion
organique n'existait dans l'estomac, je prescrivis l'eau
de la source Désirée, à la dose de deux verres, à prendre en déjeûnant; au dîner, le malade prenait la même
eau à la même dose.

A ma surprise, l'eau de la Désirée ne passa point ; l'estomac la rejetait. Pendant trois jours il en fût de même. Je prescrivis l'eau de la source Saint-Jean à la même dose, elle passa très bien. Le repas du soir, consistant en un potage, put être augmenté. Il y eut cependant encore de petites indigestions. Ces indigestions, au bout de huit jours, devinrent de moins en moins fréquentes ; il n'y avait plus de vomissement. Alors, je crus le moment favorable pour prescrire la Désirée ; mais, dès le lendemain, je fus obligé d'en suspendre l'usage, et de revenir à l'eau de la Saint-Jean, qui fut continué pendant huit jours encore. Prescrite à petites doses, la Désirée fut après parfaitement accueillie par l'estomac, et sous sa salutaire influence le malade pouvait, après quelques jours, prendre journellement deux légers repas sans éprouver d'indigestion. Les hallucinations ne reparurent plus. Enfin, au bout de deux mois de traitement, soit à Vals, ou au domicile du malade, M. Rostain pouvait déjeûner et dîner sans la moindre surcharge stomacale, ce qui ne lui était pas arrivé depuis quinze ans environ.

REMARQUES.

M. Rostain est-il guéri de sa gastralgie ? je ne saurais le dire. Ce qu'il y a de certain, c'est que depuis trois ans, il n'y a point eu de rechute. Il est juste d'ajouter qu'il fait un usage habituel de l'eau de la Saint-Jean.

En résumé, dans certaines affections graves des voies digestives, il est utile, au début du traitement, de pouvoir faire usage de sources modérément minéralisées. C'est un avantage considérable que Vals possède sur toutes les stations analogues. A ce titre, elle offre une faculté thérapeutique qui, nous nous plaisons à le reconnaître ici, est appréciée de nos professeurs les plus justement écoutés. Nous constatons aussi qu'il est peu de praticiens accrédités qui chaque jour n'aient l'occasion de prescrire l'une ou l'autre de ces sources dans sa pratique médicale de la ville.

En terminant, nous ferons observer que dans le cas que nous venons de citer, les eaux alcalines qui ne seraient pas ferrugineuses n'auraient d'autre effet que de débiliter davantage le malade et peut-être de déterminer la diathèse alcaline contre laquelle quelques professeurs se sont élevés avec tant de force au sujet du traitement par les eaux de Vichy; mais ici rien de semblable n'est à redouter;

les eaux de Vals contiennent des substances toniques (fer, manganèse, chaux) en quantité notable qui assure à ces eaux une action reconstitutrice à côté de l'action digestive, mais aussi fluidifiante au carbonate de soude. La combinaison de ces deux éléments thérapeutiques est heureuse, et dans une pratique active de plus de quinze ans aux sources de Vals même où chaque année je donne personnellement des soins à plus de cinq cents malades, je n'ai pas eu à constater un seul accident de la prise des eaux. Mes confrères des villes en font un large emploi, et jamais, que je sache, ils n'ont eu à s'en plaindre, au contraire.

GASTRITE.

C'est une chose digne de remarque, qu'après avoir été, au temps où florissait la doctrine de Broussais, la pierre angulaire de la pathologie, la gastro-entérite soit aujourd'hui considérée par la plupart des médecins comme une création fantastique du célèbre auteur de l'école physiologique.

Ainsi, tandis qu'on admet sans difficulté la

stomatite, la pharyngite, l'entérite, la colite, etc., on refuse de reconnaître la gastrite. Théoriquement, une pareille exclusion est inadmissible, et les faits viennent chaque jour démontrer combien elle est peu fondée. Sans nul doute, on a souvent pris des gastralgies essentielles pour des gastrites chroniques; mais aussi, on prend quelquefois aujourd'hui, par une tendance opposée, des gastrites chroniques pour des gastralgies. Nous le reconnaissons volontiers, la gastrite chronique est beaucoup plus rare que la dyspepsie et que la gastralgie, mais la fréquence de ces deux dernières affections ne doit pas faire nier l'existence de la première.

Nier l'existence de la gastrite chronique n'est pas possible quand on a pratiqué la médecine pendant quelques temps à Vals, où l'on a de nombreuses occasions de l'observer.

La gastrite chronique n'a pas de caractères pathognomoniques nettement tranchés; mais son existence ne peut être méconnue quand plusieurs des symptômes que nous allons faire connaître se trouvent réunis.

Celui qui digère avec difficulté, qui éprouve des ardeurs à la région de l'estomac, qui a des renvois, des nausées, des vomiturations, quelquefois des vomissements de matières alimentaires acides, avec un goût amer, des éructations nidoreuses, de l'inappétence avec enduit saburral de la langue, de l'intolérence pour les boissons stimulantes, pour les aliments lourds et copieux, de l'appétence, au contraire, pour les boissons douces et froides et pour les aliments légers et de facile digestion, qui sent des feux lui monter au visage, ou qui se plaint de maux de tête après avoir pris ses repas, qui ressent à la même époque, dans l'estomac des douleurs vagues, continues, sourdes dans l'état de vacuité, augmentant d'intensité par la pression et par l'ingestion des aliments et des boissons, qui accuse souvent alors un feu intérieur, un sentiment général de fatigue et quelquefois un léger mouvement fébrile, qui passe de mauvaises nuits, avec des rêves pénibles, et qui se réveille avec la bouche mauvaise, les membres fatigués, la tête lourde, pesante, est atteint d'une gastrite chronique.

Les malades qui éprouvent de l'ardeur, des feux au milieu du ventre, et autour de l'ombilic une douleur sourde, profonde, constante, qui ressentent de petites coliques, du malaise et comme un sentiment incommode de démangeaison, ou des espèces de piqûres, tantôt dans un point du ventre tantôt dans un autre; qui sont tourmentés par des vents qui distendent douloureusement les intestins et ne sortent qu'avec beaucoup de difficultés, qui sont habituellement constipés, mais qui rendent parfois, par une espèce de diarrhée précédée de longues et fortes tranchées, des glaires diffluentes et concrètes, comme des espèces de membranes, ceux-là sont atteints d'une inflammation lente des petits intestins; s'ils conservent de l'appétit, si la première digestion se fait sans douleur, la maladie est simple; si les signes de la gastrite chronique sont associés à ceux de l'entérite, ces deux maladies se compliquent et portent le nom de gastro-entérite.

La gastrite chronique pouvant être facilement confondue avec la gastralgie, nous croyons devoir faire connaître ici les signes différentiels à l'aide desquels M. Sandras veut qu'on puisse distinguer ces deux affections.

Dans l'une et dans l'autre, assure l'habile praticien, il y a dérangement de l'appétit, trouble de la digestion, douleurs de l'estomac, amaigrissement et progressivement teinte chlorotique de la figure avec perte des forces, langueur et surexcitation nerveuse : la disposition au vomissement est commune et marquée, quoiqu'elle ne soit pas générale. Ces deux états se ressemblent donc par une infinité de points.

Mais on remarque que la gastrite chronique suit le plus souvent les atteintes marquées par la gastrite aiguë, tandis que la gastralgie débute primitivement telle qu'elle est.

Dans la gastrite, même très chronique, les douleurs de l'estomac provoquées souvent par le moindre exercice qu'on donne à cet organe, amènent presque toujours de la fièvre, c'est-à-dire de la chaleur et de la sécheresse à la peau, et en même temps une certaine vivacité du pouls ; dans la gastralgie, la réaction du pouls est moins fébrile, il y a plutôt inégalité et fréquence, sans chaleur à la peau et surtout sans sécheresse.

Dans la gastrite, la vacuité de l'estomac donne du soulagement à peu-près toujours, la réplétion augmente le malaise ; dans la gastralgie, la vacuité est souvent au contraire le temps des douleurs ; la réplétion, bien entendu, est une cause de soulagement ; des boissons fraîches et légèrement acidulées, des aliments féculents, des viandes blanches, conviennent et sont mieux supportées dans la gastrite ; dans la gastralgie, tous les acides, même légers, font horriblement souffrir, et les aliments qui vont le mieux sont les viandes rouges et substantielles ; la gastrite n'est pas soulagée dans la digestion par la magnésie ou le carbonate de soude, la gastralgie l'est au contraire d'une manière frappante. Un peu de morphine donnée pendant les douleurs de la gastrite ne calme pas et ne facilite pas la digestion ; le contraire tout-à-fait a lieu presque constamment pour la gastralgie. La gastrite résulte le plus

souvent d'excès dans l'alimentation, la gastralgie est une conséquence ordinaire des excès
tout contraires. Aussi, est-il commun de voir
la gastralgie remplacer la gastrite, quand celle-
ci a été longtemps, trop longtemps peut-être
tenue au régime qui lui convient. Le règne
de la doctrine de Broussais en a fourni de
nombreux exemples. L'alimentation et ses
effets, la médication calmante sont ici une
excellente pierre de touche. A tout cela il faut
encore ajouter, comme renseignements accessoires, l'examen de la langue qui reste belle
dans la gastralgie, et au contraire se salit, s'en-
flamme à la surface, se couvre de pellicules
et d'aphtes dans la gastrite qui, dans le premier
cas, est douloureusement révoltée par le contact des acides et les supporte mieux dans le
second; l'examen de la douleur épigastrique,
moins facile à exaspérer par la pression dans
la gastralgie, l'examen des dents plus souvent
corrodées et attaquées par les acides dans la
même maladie; l'exploration des forces que cette
affection détruit moins rapidement, la consta-
tation de la constipation qui lui est plus or-

dinaire, enfin, l'étude attentive des résultats obtenus par les traitements, conseillés avant qu'on observe le malade ou actuellement suivis.

Tels sont les signes différentiels indiqués par M. Sandras. Nous ignorons s'ils suffisent toujours pour porter un diagnostic certain, ou plutôt nous n'ignorons pas que dans quelques circonstances le praticien restera indécis, malgré un examen très attentif de son malade. En effet, il arrive souvent que ces deux états morbides existent simultanément et que leurs symptômes se confondent si bien qu'il devient à peu près impossible, si l'on n'y met la plus grande attention, de savoir quelle est la maladie primitive, quelle est la complication ; en d'autres termes quelle est l'affection subordonnée. Il est rare, aussi, qu'une névralgie qui trouble la digestion, vicie ses produits et modifie la sécrétion des sucs gastrique, pancréatique et biliaire, n'entraîne pas à la longue, une altération des tissus, et qu'une phlegmasie chronique de la membrane muqueuse digestive ne provoque un trouble dans l'innervation : de manière que le gastralgique d'aujourd'hui peut être le gastrité de demain, et réciproquement.

Cependant on peut affirmer que semblables préceptes rendent moins difficile l'excercice de notre art. D'ailleurs, nous l'avons dit et nous ne saurions trop le répéter, nos eaux minérales sont également efficaces et puissantes contre les affections gastro-intestinales qui sont liées à un trouble fonctionnel dû à une maladie purement nerveuse ou à une lésion de la membrane muqueuse elle-même.

25e OBSERVATION.

Gastrite chronique. — Un propriétaire agriculteur du département du Gard, âgé de trente-cinq ans, d'une constitution forte, d'un tempérament bilioso-nerveux, ne se rappelant pas avoir jamais été malade, éprouva, dans le commencement de l'année 1854, par suite de nombreux chagrins domestiques, un dérangement des fonctions digestives caractérisé par un profond dégoût pour les aliments avec appétence pour les boissons froides et acides. Cette maladie résista avec une désespérante opiniâtreté aux médications les plus rationnelles que lui opposèrent plusieurs médecins distingués des villes de Nîmes et d'Uzès.

A son arrivée à Vals en 1855, ce malade est triste,
découragé, abattu, faible; la face est blême, l'œil ter-
ne, la langue rouge, lancéolée avec de grosses papilles
coloriés vers sa base ; la peau est froide, le pouls lent,
le malade vomit tout ce qu'il prend, et lorsque l'estomac est vide, il fait, pour vomir, de violents efforts
qui amènent quelques gorgées de bile ou de suc pancréatique. Il passe de mauvaises nuits avec des rêves
pénibles, il est habituellement constipé, et rend quelquefois, avec effort, des concrétions bilieuses.

Le malade prit pendant huit jours, cinq à six verres
d'eau de la Marie, coupée avec le sirop de gomme :
alors seulement les vomissements commencèrent à
diminuer de fréquence. Pendant ces huit jours, le
malade avait pris deux bains entiers ordinaires et deux
bains fortement mitigés de la Chloé. Sous l'influence
de ce traitement, le malade éprouva le besoin de prendre quelque nourriture, je lui permis de prendre quelques tasses de bouillon, quelques purées. Les vomissements devinrent plus rares, le besoin de prendre, plus
pressant. Les bains alcalins surtout calmaient le malade, le délassaient, le fortifiaient. Pendant huit jours
encore il prit l'eau de la Marie, toujours à la même
dose, mais pure, avec un bain alcalin tous les matins.
Alors plus de vomissements, appétit prononcé, sommeil
réparateur, le malade voit tous les jours ses digestions
devenir plus régulières, et ses forces musculaires augmenter d'une manière surprenante.

Enfin, après dix jours de l'usage de l'eau de la Chloé, les fonctions intestinales furent ce qu'elles étaient dans les plus beaux moments de la vie de ce malade; la gaîté et l'enjouement remplacèrent la tristesse et la mélancolie habituelles.

Au bout d'un mois, le malade quitta Vals parfaitement guéri d'une maladie qui menaçait son existence et sans qu'un seul accident soit venu compromettre sa guérison.

26ᵉ OBSERVATION.

Gastrite. — M P..., après avoir employé toute espèce de médications contre une gastrite chronique dont il était atteint depuis trois ans, se rendit à Vals, en août 1857.

Ce malade, d'une bonne constitution, d'un tempérament mixte, fort et vigoureux, n'avait jamais éprouvé de maladies depuis l'âge de vingt ans jusqu'à celui de trente. M. P... avait mené une vie de garçon assez orageuse, et avait commis un grand nombre d'excès de tout genre, sans néanmoins que sa santé en fut atteinte. Depuis cette époque, qui fut celle de son mariage, ce malade eut une vie calme, laborieuse (il était notaire), rangée, régulière; il attribue sa maladie à de longs et pénibles travaux de cabinet, et à une irrégularité dans le régime.

M. P... éprouve, une heure après le repas, un malaise indéfinissable à la région épigastrique, malaise qu'il est obligé de combattre par des infusions théiformes et par un exercice prolongé soit à pied, soit à cheval, soit en voiture ; puis surviennent des vomissements auxquels succèdent un feu intérieur, un sentiment de fatigue, un mouvement fébrile bien prononcé. L'estomac est capricieux, le sommeil léger, peu réparateur, le moral triste, etc.

Dès les premiers quinze jours de l'emploi de nos eaux, en boisson, en bains, les vomissements cessent, le malaise est moindre et la digestion se fait sans le secours d'infusions théiformes et de promenades. Cependant en y regardant de près, il est facile de constater un peu de surexcitation de la membrane muqueuse gastrique. Je combats cette surexcitation par l'usage de l'eau de la Marie édulcorée avec le sirop de gomme, et par quelques bains domestiques prolongés. Après cinq jours de traitement, le malade revient à l'eau de la Chloé à dose fractionnée et aux bains alcalins.

Au bout de trente jours, les digestions, jadis si pénibles, si douloureuses, s'accomplissaient beaucoup mieux et le malade pouvait digérer une côtelette au gril, des œufs frais, un potage. La nutrition se faisait mieux, alors l'espoir d'une prochaine guérison vint luire pour ce malade, et avec l'espoir reparut la confiance et la gaîté.

Selon nos conseils, ce malade vendit son étude, et se retira à la campagne pour y vivre tranquille. Un exercice modéré, mais soutenu, en éveillant l'action des muscles et en dérivant vers la périphérie du corps la force exhubérante des centres nerveux, donna au malade un bon et franc appétit, et M. P... fut assez reconnaissant pour m'écrire, quelques temps après avoir quitté Vals, qu'il devait, à l'usage de nos eaux et à mes conseils, une santé qu'il croyait avoir perdu à tout jamais.

27ᵉ OBSERVATION.

Gastro-entérite chronique. — Un jeune professeur, aussi distingué par sa naissance que par son intelligence, vint, en 1855, prendre les eaux de Vals.

Ce malade avait subi un grand nombre de traitements disparates qui n'avaient apporté à son état maladif aucun soulagement marqué.

Le malade est âgé de vingt-neuf ans, il est de petite stature, d'une constitution faible, délicate, d'un tempérament excessivement impressionnable. A la suite de travaux intellectuels longs et opiniâtres, ce malade éprouvait, il y a environ deux ans, des douleurs musculaires vagues dans tout le corps; il avait des frissons longs et pénibles, suivis de chaleurs âcres et mordicantes; il ressentait, aux régions épigastrique et ombilicale, une douleur constante, sensible à la pression; il était, tour à tour, tourmenté par une constipation opiniâtre ou par un flux diarrhéique abondant; la langue et les gencives étaient d'un rouge de feu; la tête était lourde; des battements, fort incommodes, se faisait sentir aux tempes, et le long du trajet des carotides; des bourdonnements d'oreilles venaient se joindre à tous ces symptômes qu'exaspérait le plus petit exercice et qui jetaient le malade dans un malaise indéfinissable.

Les aliments fibrineux lui donnaient des chaleurs à l'estomac; les végétaux étaient mal supportés.

Depuis deux mois, le malade éprouve des vomissements fréquents, des renvois acides, avec un sentiment de chaleur très incommode qui se renouvelle après chaque ingestion d'aliments, quelque faible qu'en soit la quantité.

A son arrivée à Vals, le malade s'offre à notre observation dans l'état suivant: amaigrissement prononcé, teint pâle et décoloré, peau froide, terreuse, pouls petit, faible, mou, mais fréquent; sécheresse habituelle de la langue qui est couverte d'une matière muqueuse blanchâtre, douleurs sourdes, réveillées par la plus légère pression, aux régions épigastriques et ombilicales; vomissements fréquents de matières acides et filantes, renvois, borborygmes, gargouillements, flatuosités abdominales pénibles et incommodes. Les battements des tempes et du cou, les lourdeurs de tête, les bourdonnements d'oreilles n'ont pas cessé, et plus que jamais le malade est sous l'influence de son état nerveux, etc. Il existe un mouvement fébrile qui s'exaspère vers le soir.

Après m'être assuré que les organes de la respiration étaient sains et que les battements des tempes et des pulsations des carotides étaient tout simplement sympathiques, je conseillai au malade l'eau de la Marie édulcorée avec le sirop de gomme. Sous l'influence de ce traitement simple, que le malade continua pendant vingt-cinq jours consécutifs, le pouls se releva; l'appétit se prononça, le sommeil fut bon, réparateur, la peau reprit un peu d'animation, les forces revinrent, les vomissements, les renvois acides, les borborygmes, les flatuosités cessèrent, les alternatives de constipation et de diarrhée ne reparurent plus, le pouls se ressentit de cette amélioration générale; enfin l'état du malade, devenu supportable, lui permit d'espérer une guérison qui ne se fit pas longtemps attendre et qui est à l'heure qu'il est, radicale.

28e OBSERVATION.

Gastro-entérite chronique. — Vers la mi-juin 1854, une dame de la Lozère, âgée de vingt-sept ans, d'une bonne constitution, d'un tempérament nerveux très prononcé, jouissant d'une bonne santé, mère de deux enfants bien constitués qu'elle avait elle-même allaités avec le plus grand succès, ressentit, à la suite d'une partie de plaisir, une vive douleur à l'épigastre, douleur

qu'elle attribua à une forte indigestion. Pendant sept
à huit jours cette douleur ne perdit rien de son acuité :
alors seulement on lui opposa avec intelligence et persévérance toutes les ressources d'un traitement franchement anti-phlogistique; mais l'affaissement qu'é-
prouva la malade à la suite de ce traitement fut tel,
qu'on fut obligé d'y renoncer.

A son arrivée à Vals, en juillet 1855, la malade offrit
à notre examen l'état suivant : amaigrissement général,
perte totale des forces, impossibilité de se livrer à la
moindre occupation, impressionnabilité extrême, tristesse profonde, la malade ne peut se défendre de funestes pressentiments. La peau est sèche et ridée, celle des
joues surtout est teinte d'une nuance de gros rouge
avec des parties maculées et livides; les conjonctives
sont légèrement rougeâtres, la langue est rouge sur les
bords et à la pointe; elle est couverte d'une couche
épaisse de saburres. Il y a sécheresse de la bouche et du
gosier, la soif est habituelle, l'appétit est nul, les digestions sont toujours lentes, difficiles, quelquefois
douloureuses, avec des renvois fréquents, envie de
vomir, vomissements même.

La malade éprouve au milieu du ventre une douleur
constante; elle y ressent de légères coliques, du malaise, des borborygmes, des flatuosités qui se déplacent
et se font sentir tantôt dans un point, tantôt dans un
autre point de l'abdomen; elle est tourmentée par des
vents qui distendent douloureusement les intestins et

ne sortent qu'avec beaucoup de difficulté ; elle est habituellement constipée, mais elle rend parfois, par une
espèce de diarrhée précédée de longues et fortes
tranchées, des glaires et des matières comme membra-
neuses.

Après vingt jours de traitement par nos eaux, em-
ployées avec prudence et circonspection, en boisson,
bains, lavements, les digestions commencèrent à se
faire sans trouble et sans douleurs, l'appétit se prononça et pouvait être satisfait sans trop de danger, la
menstruation, disparue depuis le commencement de la
maladie, s'était rétablie, la peau reprenait sa coloration, les rides s'effaçaient, la gaîté et l'enjouement
succédaient à la tristesse et au découragement ; la malade, qui riait de bon cœur de ses terreurs passées, n'é-
tait plus tourmentée par la pensée du suicide.

A dater de cette époque, les fonctions se rétablirent,
les forces revinrent, le sommeil fut bon et réparateur,
et à son départ de Vals, où elle avait séjourné vingt-
cinq jours, cette malade nous quitta dans toutes les
conditions voulues pour une guérison qui, en raison de
la gravité de la maladie, a nécessité une seconde saison
de nos eaux.

J'ai appris cette année que cette intéressante malade
jouissait d'une bonne santé et que *l'état intéressant*
dans lequel elle se trouvait, avait pu seul l'empêcher
de venir, par pure reconnaissance, faire une visite à
la Marie et à la Chloé qui l'ont guérie.

29ᵉ OBSERVATION.

Gastro-entéro-colite. — Mᵐᵉ D..., du département de la Drôme, âgée de vingt-cinq ans, brune, d'une taille élevée, d'un tempérament nerveux, d'une bonne constitution, mère de deux beaux enfants, ressentit, à la suite d'une partie de plaisir où elle avait mangé plus que d'habitude, une vive douleur à l'épigastre. Cette douleur ne perdit rien de son acuité pendant les premiers huit jours de son invasion, malgré toutes les ressources d'un traitement anti-phlogistique qu'on lui opposa avec une constante opiniâtreté. L'affaiblissement qu'éprouva la malade, à la suite de ce traitement énergique l'obligea d'y renoncer.

On mit en usage tour à tour les purgatifs, les vomitifs, les révulsifs, un cautère même fut appliqué au creux de l'estomac. Sous l'influence de ce traitement empirique, les douleurs se calmèrent, mais un dérangement des fonctions digestives principalement caractérisé par des vomissements incoërcibles et par une diarrhée continuelle se manifesta et ne tarda pas à prendre un caractère inquiétant par son intensité et son opiniâtreté. On opposa aux vomissements et à la diarrhée les moyens les plus rationnels, mais tous ces moyens, opium, bismuth, potion de Rivière, valériane, belladone, etc., restèrent infructueux. Les vomissements et la diarrhée persistèrent pendant six mois, et arrivèrent à un degré de gravité tel que la malade ne pouvait ingérer dans son estomac ni aliment, ni boisson, qu'elle qu'en fut la quantité et la nature, sans les rejeter immédiatement.

Etat de la malade à son arrivée à Vals, en août 1854. Maigreur extrême, peau sèche, ridée, froide; pouls petit, mou, facile à comprimer; langue lancéolée, rouge sur les bords et à la pointe, chargée de papilles enflammées à sa base; douleur sourde, profonde dans toute l'étendue de la cavité abdominale, surtout à la moindre pression; vomissement de matières tantôt acides, tantôt bilieuses, tantôt glaireuses; appétence pour les boissons froides et acides, rots nombreux, borborygmes, gargouillements continuels, coliques sourdes, flux diarrhéique abondant, etc... Mme D... offre tous les symptômes des malades atteints de fièvre étique, elle ne peut faire une promenade de quelques centaines de pas sans éprouver une grande fatigue; elle est triste, découragée, toute alimentation est impossible; les potages légers, les bouillons de poulet, l'eau sucrée édulcorée avec du sirop sont vomis immédiatement après leur ingestion.

Après quinze jours d'un traitement thermal, sagement combiné et suivi avec une exemplaire ponctualité, notre intéressante malade put prendre quelques légers bouillons maigres; au bout d'un mois de traitement, Mme D... put, à sa grande satisfaction, retourner dans son pays avec toutes les apparences d'une santé qui se fortifiait de jour en jour et qui est aujourd'hui parfaite.

30ᵉ OBSERVATION.

Gastro-entéro-colite. — M. C. L..., âgé de trente-
trois ans, d'une forte constitution, d'un tempérament
bilioso-nerveux, à la suite de nombreux et violents
chagrins domestiques, éprouva, en 1852, un sentiment
de plénitude dans l'estomac; puis survint un flux
diarrhéique abondant. Ces deux accidents pathologiques
disparurent sous l'influence d'une diète sévèrement
observée, et le retour à la santé et au calme de l'esprit
ne se fit pas longtemps attendre.

Au commencement de 1853, les douleurs abdominales et ce sentiment pénible de plénitude que M. C.
L... avait éprouvé reparurent à la suite de quelques
excès dans le boire et dans le manger. La langue était
alors rouge à la pointe et fortement chargée à la base,
le ventre douloureux à la pression, il y avait constipation,
le pouls était large et plein, l'amaigrissement prononcé.

On avait, pour enrayer la marche de cette maladie,
employé la saignée générale, les sangsues à l'anus et
autour de l'ombilic, à l'épigastre, les cataplasmes, les
lavements émollients, les boissons mucilagineuses, etc.

Sous l'influence de ce traitement, l'appétit revint
et avec lui l'embonpoint. M. C. L... se crut guéri
et reprit sa nourriture habituelle et son genre de vie
ordinaire.

Vers la mi-mars, le malade, après un repas trop copieux et composé de mets excitants et de difficile diges-

tion, qu'il avait arrosés de vins vieux et par trop alcooliques, fut pris tout à coup de vomissements, de
fortes coliques et d'un flux diarrhéique abondant.

Tous les moyens déjà employés furent mis en usage et
ne purent cette fois triompher entièrement de la maladie.
C'est alors que M. C. L... vint, sur le conseil de M.
Joffre, de Grenoble, prendre nos eaux minérales.

Le facies est bon, la langue est lancéolée et rouge sur
les bords, couverte d'une couche épaisse de saburres,
et de papilles rougeâtres à la base; les amygdales sont
légèrement engorgées et le voile du palais d'un rouge très
prononcé; l'abdomen est sur tous les points sensible à la
pression, il existe toujours une tendance à la diarrhée au
moindre écart de régime; le malade accuse une douleur
à l'épigastre, autour de l'ombilic, et des régions inguinales, les digestions sont plutôt lentes que difficiles et
douloureuses. Le malade ne peut prendre que des aliments féculents, du laitage, des fruits sucrés, il a pour
les fibrineux une répugnance instinctive qu'il ne peut
vaincre. Une ou deux heures après chaque repas, ce
malade éprouve des renvois acides, nidoreux, des flatuosités, des borborygmes; accidents qui se terminent
le plus ordinairement par une ou plusieurs selles liquides et une plus consistante. Le sommeil est lourd,
quelquefois même fatigant, souvent accompagné de
rêves bizarres ou pénibles. Le moral est bon, les forces
physiques satisfaisantes, à l'exception du tube digestif,
tous les autres organes paraissent en bon état; et M. C.

L.., plein de confiance en la vertu curative de nos eaux, s'abandonne à nos conseils dont notre ami et confrère, le docteur Joffre, de si regrettable mémoire, lui a dit des merveilles.

A son arrivée à Vals, je mis ce malade à l'usage de l'eau de la Marie à faible dose et coupée d'abord avec du bouillon, puis édulcorée avec du sirop de gomme. Je conseillai les bains domestiques tièdes, à cause de la sensibilité exquise du système cutané. M. C... L... buvait un litre de cette eau par jour à ses repas, qui ne se composaient que de quelques potages au maigre. Sous l'influence de ce traitement, le malade vit, au bout de dix à douze jours, son appétit reparaître.

Pensant que la phlegmasie gastro-intestinale tendait vers sa guérison et qu'une abstinence portée trop loin pourrait produire des irritations secondaires, je permis au malade, qui d'ailleurs les demandait avec instance, de prendre des bouillons gras, des œufs frais à la mouillette, de mâcher un peu de poisson, du blanc de poulet, une côtelette au gril, etc.. Ce nouveau régime fut bien supporté. Cependant les digestions étaient toujours accompagnées de rapports acides, de flatuosités, de borborygmes, etc.; pour faire disparaître ces symptômes qui fatiguaient et inquiétaient beaucoup le malade, je conseillai l'eau alcaline de la Chloé, toujours à faible dose. Sous l'influence de cette eau bienfaisante, les rapports acides et nidoreux, les flatuosités, les borborygmes, etc., disparurent petit à petit;

la langue perdit sa rougeur, l'abdomen devint moins douloureux à la pression, la peau reprit son coloris, l'embonpoint reparut, et quand M. C. L... quitta Vals, tout annonçait une guérison entière et prochaine.

Depuis cette époque, M. C. L... a pu cesser de prendre toute espèce de précautions, et n'a cependant éprouvé aucune rechute.

Nous devons à la vérité d'avouer que toutes les années ce malade se rend à Vals pour y passer quelques jours et pour y faire une ample provision de la Marie et de la Chloé, qu'il prend quand il croit reconnaître que les rapports acides ou nidoreux donnent des signes précurseurs de leur apparition.

31e OBSERVATION.

Gastro-entéro-colite. — Mlle A. P..., âgée de vingt-deux ans, d'une constitution frêle, d'un tempérament lymphatique prononcé, éprouvait depuis dix-huit-mois un flux diarrhéique très abondant, mais qui cependant ne l'empêchait pas de se livrer à ses occupations ordinaires. On avait tour à tour employé contre cette maladie un grand nombre de moyens.

Sous l'influence de cette affection, dont la marche n'avait jamais pu être enrayée d'une manière durable, Mlle A. P... vit sa santé et même sa vie compromises, les digestions devinrent pénibles, douloureuses, elles s'accompagnaient continuellement d'un flux diarrhéique en raison directe des aliments ingérés. La menstruation, autrefois régulière, n'avait pas eu lieu depuis dix-huit mois, et semblait remplacée par une leucorrhée assez abondante qui provoquait constamment des douleurs sacro-lombaires assez intenses. Cet accident ne durait que trois ou quatre jours.

Depuis un mois la malade ne pouvait plus manger, l'émaciation faisait des progrès, toutes les fonctions vitales étaient languissantes; tous les tissus étaient décolorés; la locomotion était pénible, fatigante, bientôt impossible.

A son arrivée, le 10 juillet 1855, cette malade offre à notre examen l'état suivant: maigreur générale prononcée, pâleur de tous les tissus; yeux caves, sans expression; langue sale, épaisse, large, saburrale; gencives décolorées, douleurs épigastriques augmentant par la pression; digestion laborieuse, flux diarrhéique abondant, surtout le matin; faiblesse générale extrême. La malade éprouve continuellement des douleurs sourdes, profondes sur toutes les régions de l'abdomen et principalement de l'épigastre, autour de l'ombilic et sur tout le trajet du colon transverse et descendant, le pourtour de l'anus est le siége d'une vive irritation qui s'accompagne de démangeaisons plus incommodes que douloureuses.

La malade dit avoir rendu pendant trois mois des matières glaireuses, graisseuses, sanguinolentes, purulentes même, d'une odeur infecte. Les aliments rendus

ne sont qu'à moitié digérés ; le sommeil est tranquille,
mais court, léger, peu réparateur ; le moral laisse
beaucoup à désirer.

Après quinze jours de l'emploi de nos eaux en boisson, en bains, en lavements, Mlle A. P... se trouve
beaucoup mieux : les digestions se régularisent, la menstruation reparaît, la coloration des tissus se prononce,
les forces augmentent, et cette intéressante malade,
comme régénérée par l'emploi de nos eaux, par une
bonne alimentation, par l'insolation prolongée, par un
exercice modéré, reprit un peu d'embonpoint. J'ai
appris que cet état satisfaisant n'avait pas discontinué,
et promettait de se maintenir.

31ᵉ OBSERVATION.

Diarrhée. — Mᵐᵉ N... des environs de Nîmes, âgée
de trente-cinq ans, d'un tempérament lymphatique,
d'une constitution frêle et délicate, mère de deux enfants, n'ayant jamais éprouvé de maladies vraiment sérieuses, à la suite d'une vive impression morale qui
produisit instantanément une indigestion, éprouvait,
depuis trois ans, quelques heures après le repas, un flux
diarrhéique abondant. Ce flux diarrhéique était précédé
constamment de pesanteurs à l'estomac, de flatuosités,
de borborygmes, de coliques, de douleurs lombaires,
etc. En vain avait-on eu recours aux anti-phlogistiques,
aux opiacés, aux astringents de toute espèce, le flux

diarrhéique ne disparaissait que pour reparaître, quelques jours après, avec plus d'abondance. En désespoir de cause, Mme N... se rendit à Vals vers la mi-juillet 1857.

A son arrivée, cette malade offre à notre examen l'état suivant : facies souffrant, peau froide et d'un blanc sale, abdomen souple, peu douloureux, pouls petit et serré, bourrelet hémorrhoïdal considérable, menstruation irrégulière, précédée et suivie d'un flux leucorrhéique assez abondant Mme N... est dans un grand état de faiblesse surtout après le flux diarrhéique qui survient de deux à trois heures après chaque repas. Les herbacés, les végétaux sont habituellement rendus à moitié digérés, les viandes blanches sont plus assimilables, mais elles exigent, de la part des organes digestifs, un travail plus long et plus douloureux. Les féculents et les albumineux sont les aliments qui conviennent le mieux. La malade ne mange qu'avec une sorte de peine, et seulement pour ne pas mourir de faim, car elle a observé que plus elle mange, plus abondant est le flux diarrhéique qui revient avec une constance et une régularité désespérantes.

Examinés avec un soin tout particulier, les organes thoraciques et génitaux-urinaires ne présentent rien d'anormal.

Mme N... prit sans interruption pendant quinze jours huit verres, en vingt-quatre heures, d'eau de la Marie, édulcorée avec le sirop de gomme, elle prit

en même temps une douche ascendante de demi-heure
de durée tous les matins et un bain alcalin le soir vers
les trois heures. Sous l'influence de ce traitement,
secondé par un régime analeptique, la malade éprouva
un mieux très sensible. Elle n'était plus incommodée,
après chaque repas, par les éructations, les borborygmes, les coliques, les douleurs lombaires; le flux diarrhéique. Elle mangeait avec appétit, et même avec
plaisir; elle semblait renaître, tant elle se trouvait forte
et alerte.

Dix jours encore de l'usage de l'eau de la Chloé,
employée en boisson, en bains, en douches et en lavements, rendirent cette amélioration décisive. Mme N...
partit de Vals dans un état de santé qui laissait peu
de chose à désirer. Nous avons depuis appris avec plaisir
que cette malade jouissait d'une bonne santé.

32e OBSERVATION.

Diarrhée. — Mlle C. P..., âgée de dix-neuf ans,
blonde, élancée, d'une constitution frêle et délicate,
d'un tempérament nerveux, d'un caractère éminemment impressionable, était atteinte depuis cinq ans
d'une colite qui la condamnait à un régime des plus
sévères. Mlle C. P... avait en vain tout employé pour
arrêter la marche de cette maladie qui, par son intensité
et sa durée, semblait menacer son existence.

A son arrivée à Vals, en juillet 1858, Mlle C. P...

offre à notre observation l'état suivant : amaigrissement, yeux caves, cernés, langue pâteuse, fendillée, gencives saignantes, abdomen souple et indolent, peau lisse, blanche, un peu froide, chairs molles, pouls peu développé, etc. La malade éprouve, tous les matins au saut du lit, de légères coliques suivies d'un pressant et irrésistible besoin d'aller à la selle. Chaque fois qu'elle a satisfait à ce besoin, elle se trouve soulagée, mais dans l'intervalle de dix à vingt minutes les coliques reviennent ; trois, quelquefois quatre et cinq autre évacuations ont lieu, et sont comme la première suivies de soulagement.

Les digestions sont lentes sans être douloureuses, la malade n'éprouve de gargouillements et de flatuosités, etc., que lorsqu'il lui arrive d'avoir pris un peu trop de nourriture. La malade a observé que l'impression du froid, et surtout du froid humide, aggravait sa maladie. Les selles que rend habituellement la malade sont liquides, blanchâtres, quelquefois jaunâtres et même brunâtres et ne présentent presque jamais la moindre cohésion.

La persistance de cette maladie, aussi incommode que désagréable, a jeté la malade dans un grand état de faiblesse, non-seulement physique mais morale.

Mlle P... prit, pendant les vingt jours qu'elle resta à Vals, l'eau de la Marie en boisson, et l'eau de la Chloé en bains entiers, en douches et en lavements.

Au moment de son départ, cette jeune personne,

aussi intéressante que distinguée, était complètement débarrassée de ce qu'elle appelait son infirmité. Les fonctions digestives s'étaient admirablement régularisées, les forces étaient revenues au point de lui permettre d'assez longues promenades. Aujourd'hui Mlle P... jouit d'une santé parfaite et me menace de la perte de la reconnaissance qu'elle me doit pour les soins que je lui ai donnés, si je ne continue pas à faire tous mes efforts pour vulgariser les eaux qui l'ont guérie, et dont je suis le prôneur trop désintéressé.

SUPPLÉMENT

QUELQUES NOUVELLES OBSERVATIONS CLINIQUES.

33ᵉ OBSERVATION.

Dyspepsie anorexique — M. J. D..., âgé de 60 ans, d'un tempérament bilioso-nerveux, d'une constitution forte, de mœurs irréprochables, d'habitudes sédentaires, laborieuses et mêmes pénibles, était sujet, depuis six ans, à des maux d'estomac, principalement caractérisés par un dégoût de plus en plus prononcé pour tout espèce d'aliments soit liquides soit solides. Après le repas, ce malade éprouvait à la région épi-

gastrique un sentiment de gêne, de pesanteur, d'oppression, qu'accompagnaient souvent des renvois tantôt
gazeux, tantôt aqueux et acides qui le fatiguaient
extrêmement; il éprouvait aussi quelquefois, alors surtout que le repas qu'il avait pris avait été un peu plus
copieux, des régurgitations, sans nausées ni efforts de
vomissements, qui amenaient les aliments ingérés dans
un état de digestion incomplète.

Chose singulière et qu'il importe de noter, jamais
M. J. D... n'a éprouvé ni douleur, ni crampe, ni
sensation de brûlure à l'estomac.

Le malade est triste, abattu et a perdu toute aptitude
au travail, il n'a de la tendance au sommeil que quelques instants après avoir mangé. Les forces musculaires
sont annéanties; c'est à peine si elles lui permettent
une courte promenade.

C'est alors, qu'après avoir usé et même abusé de
tout, le malade demanda de l'eau de Vals.

Après avoir pris connaissance des renseignements
qu'il me donnait et qu'on vient de lire, je conseillai
à M. J. D... l'eau de la source Saint-Jean.

Deux mois environ après cet envoi, je reçus la lettre
suivante :

« Monsieur le docteur,

» L'usage des eaux que vous avez eu la bonté de
me faire adresser m'a été favorable. Maintenant mon
appétit est un peu revenu, mes digestions se font
un peu mieux, elles me semblent moins longues et

11

surtout moins pénibles ; elles ne s'accompagnent que rarement de renvois et de régurgitations. C'est une amélioration qui me fait espérer une guérison prochaine, etc., etc., etc. »

J'engageai M. J. D... à continuer l'usage de l'eau de la source Saint-Jean quelques jours encore et de se mettre ensuite pendant deux ou trois semaines à l'usage de l'eau de la source Précieuse pour consolider sa guérison. En effet, j'ai appris avec satisfaction, mais sans étonnement, que mes prévisions s'étaient réalisées.

34ᵉ OBSERVATION.

Dyspepsie anorexique. — Mᵐᵉ J. P... âgée de vingt-quatre ans, d'un tempérament nerveux, d'une constitution faible, délicate, d'une petite taille, d'un caractère impressionnable, est atteinte depuis trois ans environ d'une grande difficulté dans les digestions, accompagnée d'un continuel et profond dégoût pour les aliments, l'appétit est nul, et si, surmontant son dégoût pour les aliments, la malade se laisse aller à prendre une tasse de bouillon, de lait, etc., elle est presque immédiatement tourmentée par des flatuosités et par des éructations nidoreuses fort désagréables. La bouche est pâteuse, amère ; la langue sale et épaisse, la malade n'éprouve, même à la pression, aucune sensation douloureuse dans toute l'étendue de la capacité abdominale. La constipation est habituelle, opiniâtre

et ne peut être vaincue que par l'emploi de plusieurs
lavements que la malade est obligée de prendre tous
les jours, et souvent même sans succès ; l'impulsion et
les bruits du cœur et des gros vaisseaux sont normaux ;
les forces générales se sont considérablement affaiblies,
le travail manuel et intellectuel est pénible, souvent
même impossible, le sommeil est mauvais, agité, souvent interrompu.

Après avoir médité la lettre dans laquelle Mme J.
P... me faisait connaître sa maladie, je n'hésitai pas
à ratacher tous les troubles de la digestions et de la
nutrition que cette dame éprouvait à une dyspepsie
anorexique que je lui conseillais de combattre par
l'usage prolongé de l'eau de Vals, « source Saint-Jean, »
en boisson.

Deux mois après, cette intéressante malade m'adressa
la lettre suivante, que je copie textuellement.

Monsieur le docteur,

« Grâce à l'efficacité de l'eau de la Saint-Jean, que
j'ai prise de la manière que vous m'avez indiquée, je
me trouve beaucoup mieux. Je n'éprouve plus de dégoût pour les aliments, mon appétit, sans être vif,
ni même bon, est cependant revenu, mes digestions se
font passablement et ne donnent que bien rarement
lieu aux accidents qui les troublaient autrefois ; je suis
plus forte, plus gaie : somme toute, je suis guérie ou
en pleine voie de guérison.

» J'espère, M. le docteur, vous remercier de vive
voix, quand j'irai, la saison prochaine, voir, par
reconnaissance, la source bienfaisante qui m'a donné
la santé.

Mme J. P... ne vint pas à Vals ; elle était, quand la
saison des eaux arriva, complétement rétablie.

35e OBSERVATION.

Dyspepsie anorexique. — En juin 1861, je reçus
une lettre dont voici le résumé : J'ai quarante-trois ans,
je suis né excessivement faible, je pourrais même dire
chétif, je suis resté souffreteux jusqu'à l'âge de vingt
ans. Depuis cette époque, j'ai été sujet à de nombreux
accidents du côté de l'estomac, accidents principalement caractérisés par de fréquentes inégalités d'appétit,
par des digestions longues et pénibles, par un état
habituel de constipation opiniâtre. Depuis cinq ans
surtout, j'ai presque perdu la faculté de digérer. J'é-
prouve pour tout aliment un dégoût, une répugnance,
une aversion inimaginables. Je suis triste, abattu, découragé au point de me voir dans l'impossibilité absolue de me livrer au moindre travail intellectuel ; j'éprouve continuellement des craintes exagérées sur la gravité de ma maladie, je suis ou mieux je crois être
à charge à mes proches, (je ne suis pas marié).

Après avoir lu et relu la lettre que ce malade m'a-
dressa et dont je viens de donner un aperçu, je lui fis

passer cinquante bouteilles d'eau de Vals, source Saint-Jean.

Je n'avais plus entendu parler de ce malade, quand il arriva à Vals en août de la même année.

« Vos eaux ont amélioré ma santé, me dit-il, et je viens ici pour y terminer ma cure.

M. A. T. est frêle, délicat, nerveux, impressionnable; il est encore maigre, et me paraît souffreteux. Cependant, à l'entendre, il est mieux, beaucoup mieux et en pleine voie de guérison. Ses digestions se font passablement, et l'horreur qu'il éprouvait pour les aliments ne se fait plus sentir, il est plus gai, ou pour parler plus exactement, moins triste; il peut se livrer au travail intellectuel deux ou trois heures par jour; il est encore constipé.

Après avoir pris pendant vingt-cinq jours l'eau de la Saint-Jean et celle de la Rigolette en boisson, à dose modérée, après avoir pris vingt bains minéraux dans lesquels il se pratiquait lui-même des frictions sur tout le corps, ce malade nous quitta dans un etat de santé satisfaisant.

Monsieur le Docteur,

En partant de Vals, l'an dernier, je vous ai promis de vous écrire pour vous faire connaître le résultat de vos eaux sur la singulière maladie qui m'y avait conduit. Je viens aujourd'hui, quoique un peu tard, m'acquitter de ma promesse.

Vous ne vous rapellerez peut-être pas de votre ser-
viteur. Permettez-moi de vous dire en peu de mots,
pour aider votre mémoire, les symptômes de ma maladie. Mauvaises digestions, horreur des aliments,
constipation, flatuosités, mal de tête, démangeaisons,
engourdissement des doigts, tristesse, inquiétude, etc.
Tous ces symptômes, excepté les engourdissements
nocturnes des doigts, ont disparu, cependant la constipation revient de temps en temps, mais elle ne persiste pas.

Voilà, monsieur le docteur, le résultat, sur moi, des
eaux de Vals, prises avec prudence et modération. Vous
raconter ces beaux résultats, c'est vous dire que pro-
chainement je retournerai auprès de vos *immortelles
sources*, dont j'attends, Dieu aidant, une guérison
complète.

Permettez-moi, monsieur le docteur, de vous réitérer
ici mes remercîments pour les soins intelligents que
vous m'avez donnés pendant mon séjour à Vals, c'est
bien à ses soins que je dois l'amélioration que je viens
de vous signaler, car sans eux j'aurais peut-être fait
comme tant d'autres malades qui prennent les eaux
sans guide et aggravent ainsi leurs maladies par des
imprudences.

J'ai l'honneur, etc.

36e OBSERVATION.

Dyspepsie hépatique. Une femme des environs d'Alais, âgée de 55 ans, grande, forte, d'un tempérament bilioso-nerveux, ne se rappelle pas avoir jamais éprouvé aucune maladie un peu grave. Marié à dix-neuf ans, elle a eu douze enfants, tous forts, vigoureux et bien portants. Elle les a tous allaités.

La vie entière de cette malade a été celle que mènent habituellement les personnes laborieuses qui *vivent aux champs*, en faisant *valoir*, à la sueur de leur front, un petit domaine à peine suffisant pour nourrir et pour élever une aussi nombreuse famille. *Grâce à Dieu, elle n'a pas éprouvé de grands chagrins domestiques; mais elle a vivement regretté de n'avoir pas été assez riche pour exempter, moyennant finance, deux de ses fils du service militaire.* Elle a traversé l'âge critique sans trop souffrir; cependant depuis cette époque, sa santé n'a plus été ce qu'elle était avant, souvent aussi, lorsqu'elle a voulu se livrer à des occupations longues et pénibles, dont elle avait une grande habitude, ses forces trahissaient son courage, elle *n'était plus elle-même.*

Pendant toute sa vie, cette malade a eu un bon et solide appétit; elle mangeait de tout et beaucoup; elle n'éprouvait jamais la moindre fatigue dans le jour, et toute la nuit s'écoulait dans un seul et profond sommeil. *Elle était la santé même.*

En 1853 cette femme se sentit malade sans pouvoir se rendre compte de ce qu'elle éprouvait. C'était un état général de lassitude, de fatigue ; elle avait un grand dégoût pour tous les aliments, et une répugnance invincible pour toute occupation sérieuse, elle recherchait la solitude et repoussait alors toute consolation ; elle n'était jamais plus contente que lorqu'elle était seule, et qu'elle pouvait pleurer à son aise sans être vue.

Cet état durait depuis un an, quand la malade fut prise subitement de vomissements considérables de bile verte d'une *amarescence* excessive. Ces vomissements faisaient toujours place à un flux bilieux-diarrhéïque mêlé de matières fécales d'une infection extrême. Ces vomissements et ces flux bilieux se renouvellaient deux ou trois fois par mois ; ils semblaient soulager la malade et lui donner quelques velléités d'appétit, velléités qui n'étaient malheureusement que factices, car la malade prenait à peine quelques tasses de bouillon de veau ou de poulet aux herbes et quelques cuillerées de gelée de groseille ou de coing, etc.

État de la malade à son arrivée à Vals. l'eau du visage d'un brun jaunâtre, peau du corps sale et terreux ; face bouffie, teinte ictérique prononcée autour des yeux, des ailes du nez et des commissures des lèvres, langue recouverte d'une couche épaisse de saburres jaunâtres, verdâtres d'une grande amertume, dégoût prononcé pour tout aliment, soif nulle, etc La malade n'a pas éprouvé de symptômes qui puissent faire penser que l'estomac et le foie soient sous l'influence d'une maladie organique. Examinées avec soin, les régions hépatique et épigastrique n'offrent rien d'anormal ni à la vue ni au toucher; le foie ne présente rien dans ses dimensions, son volume, sa forme qui ne soit naturel; la malade n'accuse aucune douleur, aucune sensation pénible aux diverses pressions qu'on fait sur ces organes; elle n'a jamais rien éprouvé à l'épaule droite; elle ne s'est jamais aperçue que les matières qu'elle rendait par les vomissements ou par les flux diarrhéiques continsent le moindre calcul biliaire; les sueurs sont fétides, les déjections ordinairement bilieuses, les urines jaunâtres et sédimenteuses, etc.; l'amaigrissement est prononcé, le sommeil passable, le moral affecté.

Je mis cette malade à l'usage de la Marie à la dose de quatre verres le matin et deux le soir; je lui prescrivis un bain alcalin d'une heure de durée, et lui recommandai expressément de se pratiquer sur tout le corps, pendant toute la durée du bain, des frictions avec une éponge. Au bout de huit jours de ce traitement, la malade semblait un peu mieux, mais aucun symptôme apparent ne venait me donner l'assurance qu'elle ne se fit pas illusion; je la trouvais dans le même état. Je fis donc suivre le même traitement à la malade pendant autres huit jours. Alors l'amélioration devint évidente à tous les yeux. Une envie de manger,

que je n'oserais pas cependant appeler appétit, se fit
sentir, et pouvait être satisfaite sans dégoût, l'afflux
de salive amarescente qui se faisait habituellement dans
la bouche était moindre, la langue était moins épaisse,
les urines plus claires et plus abondantes, le sommeil
et le moral meilleurs ; la peau de la face, et plus particulièrement celle du corps avait une tendance à s'animer et à perdre cet aspect terreux si *désagréable à
voir*. Evidemment la malade éta't mieux. Alors, mais
seulement alors, je crus pouvoir sans danger lui faire
prendre l'eau de la Chloé, puis celle de la Marquise,
en continuant toujours les bains et frictions alcalines.
Sous l'influence de ce traitement, suivi avec persévérance et ponctualité, cette malade se rétablit à vue
d'œil, et comme aurait pu le dire le savant et regrettable M. Barrier, de Celles, elle fut guérie en *un tour
de main*.

Heureuse d'être débarrassée d'une maladie contre
laquelle tant de moyens divers avaient été employés
inutilement, cette intéressante malade nous quitta
avec toutes les apparences de la santé. Nous avons été
depuis heureux d'apprendre que ces apparences s'é-
taient changés en une réalité incontestable.

37e OBSERVATION.

Mme S..., âgée de vingt-un ans, du département du
Gard, offrant tous les attributs d'un tempérament lym-

phatique et d'une constitution délicate, chez qui la
menstruation s'était établie d'une manière difficile et
tardive, avait été marié, à l'âge de dix-neuf ans, avec
un homme pour lequel elle n'éprouvait, en quelque
sorte, aucun sentiment sympathique. Un an environ
après ce mariage, elle eut à déplorer la perte d'un enfant nouveau-né, fruit d'un accouchement prématuré.
Cet évènement eut pour résultat d'altérer sensiblement
la santé de cette dame et de laisser à sa suite, entre
autres accidents, une leucorrhée abondante habituelle,
et qui augmentait d'intensité à chaque époque menstruelle. Comme il arrive presque toujours, cette affection ne tarda pas à s'accompagner de céphalalgie, de
maux d'estomac, de perte de l'appétit, de dégoût, de
dyspepsie, de pâleur, de malaise général et d'un sentiment de faiblesse qui lui faisait craindre fréquemment
de tomber en défaillance. Mme S... avait épuisé inutilement tous les moyens propres à combattre cette
affection, d'autant plus fâcheuse qu'elle lui attribuait
l'état de stérilité où elle était depuis environ trois ans.
C'est alors qu'on lui conseilla l'usage des eaux de Vals,
où elle se rendit le 20 juillet 1842. A peine eut-elle
pris l'eau de la Chloé pendant quelques jours et avec
les précautions convenables, qu'elle éprouva une amélioration sensible dans son état, amélioration attestée
par un retour de l'appétit, par la possibilité de prendre un peu de nourriture sans trop de fatigue, par un
sentiment de force et de bien-être inaccoutumés, et

par une légère diminution du flux leucorrhéique. Elle continua sur les lieux, pendant environ trois semaines, l'usage de cette eau dont elle but encore quelque temps, une fois de retour dans ses foyers, sur le conseil que je lui en avais donné. Etant revenue à Vals, l'année suivante, j'eus peine à la reconnaître, tant son état avait changé. J'ai su depuis qu'elle avait recouvré à peu près toute la santé dont elle était susceptible.

38e OBSERVATION.

Louise M..., âgée de dix-huit-ans, des environs de Largentière (Ardèche), d'un tempérament lymphatique, d'une faible constitution, arriva pourtant à l'âge de quatorze ans, sans avoir éprouvé d'autres maladies que celles qui sont le partage ordinaire de l'enfance. A cette époque la menstruation commença à s'établir, mais d'une manière difficile, irrégulière et incomplète. Pendant plus de quinze mois le flux périodique ne se montra qu'en très petite abondance et à des époques toujours variables. Au milieu de ces circonstances, la santé de Louise M... s'altéra progressivement d'une manière notable, et voici l'état dans lequel elle était le 20 avril 1841, lorsque ses parents se décidèrent à venir réclamer mes conseils pour elle : une pâleur excessive se faisait remarquer au visage, siége, ainsi que le reste du corps, d'une sorte de bouffissure, il y avait

légère œdématie des extrémités inférieures, perte de
l'appétit, nausées, envie de vomir, douleurs de la tête
et de l'estomac, constipation, gêne de la respiration
augmentée par le plus léger exercice, palpitations habituelles et rendues plus fortes par le mouvement et
par les émotions morales, fréquence et petitesse du
pouls, lassitudes spontanées, faiblesse générale, disposition à la syncope, tristesse habituelle invincible, flux
menstruel de quelques gouttes d'un sang pâle et séreux,
ne venant qu'à des périodes irrégulières et éloignées,
enfin la chlorose était évidente. Aussi plusieurs médecins avaient-ils déjà conseillé dès longtemps un traitement dirigé dans ce sens, et la malade avait-elle fait
usage, quoique sans succès, des différentes préparations
ferrugineuses préconisées contre cette affection. Dans
cet état de choses, je me bornai à lui prescrire l'emploi
des eaux minérales de Vals, où elle ne manqua pas de
se rendre le mois de juillet suivant. La saveur piquante
de la Marie ne convenait pas à son goût, l'eau de la
Marquise était mal supportée par son estomac, c'est à
celle de la Chloé que, sur mon conseil, elle donna la
préférence, avec la précaution de commencer par une
faible dose pour arriver progressivement à en prendre
neuf ou dix verres par jour. Sous la seule influence de
ce moyen, continué pendant dix-huit jours, Louise
M... recouvra un peu d'appétit, la digestion sembla se
faire plus facilement; la céphalalgie diminua, le visage
s'anima d'une légère coloration, les forces se relevè-

rent un peu. Enfin, j'eus la satisfaction de constater un changement que j'avais osé espérer. Plus tard, la menstruation devint peu à peu plus abondante et régulière. L'année suivante, une autre saison des eaux amena une amélioration encore plus marquée ; et enfin, en 1843, je fus agréablement surpris de voir Louise M... revenir à Vals, mais, cette fois, en reconnaissance de la guérison qu'elle devait à l'eau de la Chloé.

(DUPASQUIER.)

REMARQUES.

Depuis bientôt trois siècles, on reconnaît que les eaux de Vals possèdent une puissante action curative dans la majorité des affections des organes digestifs.

M. Cl. Expilly assurait, en 1609, qu'elles confortent l'estomac. Les eaux de Vals, disait, en 1557, A. Fabre, sont excellentes contre les maladies de l'estomac ; elles rétablissent l'appétit perdu, donnent une incroyable disposition à tout le corps et une force extraordinaire à l'estomac et aux intestins. — Qui peut ignorer que les eaux de Vals rafraîchissent sensiblement sitôt qu'on commence à les boire,

et que dès les premiers jours on a un si grand
appétit que nous avons plus de peine à con-
tenir les malades qu'on en a ailleurs à les
obliger à manger. — Elles rafraîchissent, elles
dégagent, elles redonnent l'appétit.

En 1780, MM. Boniface et Madier préco-
nisent, dans deux monographies bien faites,
les eaux de Vals dans les maladies de l'estomac et des intestins.

En 1784, M. Arnaud, *maître-chirurgien
gradué de Vals*, assure que nos eaux rétablissent les digestions, stimulent l'estomac et
procurent l'appétit.

« Les eaux de Vals conviennent dans la
débilité de l'estomac.» (PATISSIER.)

« Les eaux de Vals, disait, en 1840, le vé-
nérable docteur Ruelle, exercent une vérita-
table médication tonique, et conviennent généralement dans toutes les affections carac-
térisées par un état de faiblesse, de langueur
et d'atonie, elles agissent en donnant un surcroît d'énergie à toutes les fonctions et principalement à la digestion, à la circulation et
à l'absorption. »

« L'influence que les eaux de Vals exercent sur les fonctions digestives, dit, avec autant d'autorité que de précision le professeur Dupasquier, dès qu'on commence d'en faire usage, est des plus remarquables, et ses effets sont si prompts qu'on pourrait dire sans exagération qu'ils présentent quelque chose de merveilleux. Dès les premiers jours qu'on en boit, elles provoquent le plus souvent l'appétit. Le malade qui depuis longtemps ne connaissait plus le sentiment de la faim, se trouve tout surpris d'éprouver ce besoin à un degré très prononcé et s'étonne bien plus encore de pouvoir le satisfaire impunément, grâce à l'action si énergique de ces eaux bienfaisantes. Sous leur influence, en effet, l'estomac semble réagir sur les substances alimentaires avec une activité toute nouvelle, les digestions précédemment difficiles, languissantes, s'opèrent désormais avec une facilité vraiment merveilleuse. »

On le voit par ces citations que nous pourrions multiplier, nos eaux ont subi la grande et terrible épreuve du temps, de l'observation et de l'expérience ; elle leur a été favorable. Je ne crains donc pas d'affirmer que les eaux de Vals sont sans rivales dans le traitement des affections du tube digestif. Cette affirmation, que quelques confrères trouveront trop absolue, n'est pas une assertion vague, hasardée et, comme on le dit, à effet ; elle est le résultat pratique de longues et consciencieuses études.

Un des plus grands médecins de l'Angleterre, Sydenham, avait dit que si l'on pouvait découvrir un médicament qui rendit bonnes les digestions mauvaises, on aurait trouvé le moyen de guérir la plupart des maladies chroniques.

Chaque année nous trouvons plusieurs occasions de constater que M. Recamier avait parfaitement raison de soutenir que les troubles de plusieurs lésions fonctionnelles des organes abdominaux, que beaucoup de médecins regardaient encore comme étant purement locales et constituant des entités morbides distinctes, se trouvaient très souvent sous la dépendance de troubles généraux.

soit de l'innervation, soit de la nutrition.
L'éminent praticien a donc rendu un immense service à l'humanité en enseignant, avec
toute l'autorité que donne une grande expérience et de profondes connaissances, de soigner l'économie entière tout en tenant compte
de l'état local. Cette pensée est bien profonde;
elle est le fait d'un praticien consommé qui, d'un
seul coup, illumine les obscurités de la science et embrasse d'un seul regard l'aspect général que les médecins spécialisaient à l'infini.

Nous avons voulu appliquer ces profondes
vérités à l'hydrologie et nous le déclarons
hautement, nous avons obtenu de tels succès
que nous croyons, en toute sûreté de consci-
ence, pouvoir assurer que les eaux alcalines,
ferro-manganiques et ferro-arsénicales de
Vals sont et resteront le remède auquel
Sydenham prophétisait un si brillant avenir.

FIN DE LA PREMIÈRE PARTIE.

TABLE DES MATIÈRES

Aubenas, imprimerie Escuilier.

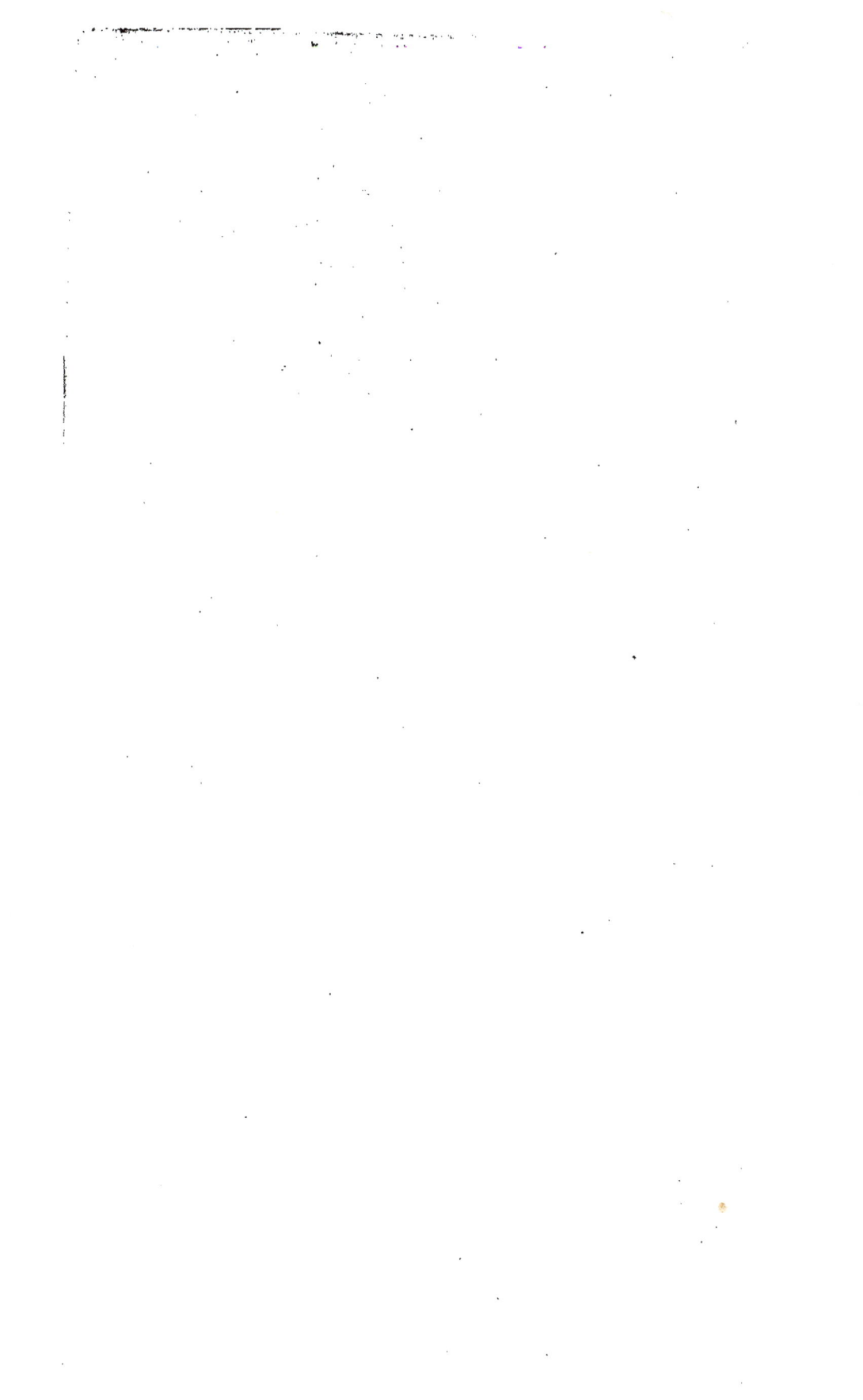

Publications du même auteur.

1° GUIDE PRATIQUE DES MALADES AUX DE VALS, grand in-8° de 152 pages, comprenant l'examen des propriétés médicales des eaux, leur mode d'action, l'étude des maladies qui s'y rattachent, l'hygiène et le régime à suivre pendant et après le traitement : ouvrage indispensable aux baigneurs. . 1 »

VALS ET SES ENVIRONS :

2° CANTON D'AUBENAS, in-18 de 256 pages. . . . . . 1 »

3° CANTON D'ANTRAIGUES, in-16 de 152 pages. . . . . 1 »

4° CANTON DE MONTPEZAT, in-16 de 180 pages . . . . 1 »

Ces trois petits volumes sont indispensables aux étrangers qui, en venant aux eaux, se proposent de faire des excursions dans les environs de Vals.

Ces divers opuscules seront envoyés *franco* à toute personne qui m'en fera la demande par *lettre affranchie*, en ajoutant à cette demande le prix côté ci-dessus en un mandat sur la poste ou en timbres-poste.

www.ingramcontent.com/pod-product-compliance
Lightning Source LLC
Chambersburg PA
CBHW060346200326
41519CB00011BA/2046